国家出版基金项目

机器人环境监测和化学羽流追踪技术

李 伟 田 宇 著

北京交通大学出版社

·北京·

内 容 简 介

《机器人环境监测和化学羽流追踪技术》一书，对机器人环境监测研究和应用的一个重要方向——化学羽流追踪进行了系统介绍，主要内容包括羽流模型和仿真、飞蛾行为仿生的化学羽流追踪策略设计和优化、自主水下机器人追踪化学羽流和定位羽流源头的飞蛾行为仿生算法设计和实现、自主水下机器人基于多传感器和基于多自主水下机器人的化学羽流追踪策略和算法、自主水下机器人深海热液羽流追踪、自主机器人追踪化学羽流并对其时空分布进行测绘估计，以及化学羽流追踪机器人系统。

本书适用于从事化学羽流追踪、机器人环境监测及自主机器人的科研和工程技术人员参考使用，也可作为高等院校、科研院所的学生和科技工作者了解环境监测机器人学和化学羽流追踪的研究参考用书。

图书在版编目（CIP）数据

机器人环境监测和化学羽流追踪技术 / 李伟，田宇著. —北京：北京交通大学出版社，2022.9

ISBN 978-7-5121-4619-8

Ⅰ. ① 机… Ⅱ. ① 李… ② 田… Ⅲ. ① 水下作业机器人–机器人技术–应用–海洋污染检测–研究 Ⅳ. ① X834

中国版本图书馆 CIP 数据核字（2021）第 230821 号

机器人环境监测和化学羽流追踪技术
JIQIREN HUANJING JIANCE HE HUAXUE YULIU ZHUIZONG JISHU

责任编辑：陈跃琴

出版发行：北京交通大学出版社　　电话：010-51686414　　http://www.bjtup.com.cn

地　　址：北京市海淀区高梁桥斜街 44 号　　邮编：100044

印 刷 者：北京虎彩文化传播有限公司

经　　销：全国新华书店

开　　本：170 mm×235 mm　　印张：15.75　　字数：318 千字

版 印 次：2022 年 9 月第 1 版　　2022 年 9 月第 1 次印刷

定　　价：98.00 元

目　　录

第 1 章

绪 论

1.1　概　　述[1]

对空中、陆地、海洋等自然环境进行观测，采集其要素随时间和空间变化的数据，是认知自然环境及其中存在的各种时空尺度过程和现象，并对其进行精确预测和有效影响评估的关键。对大时空尺度范围环境进行观测，卫星遥感是有效的技术手段；但其对环境要素进行观测的分辨率和精度有限，无法满足诸多环境观测应用的需求。因此，仍需要有效的平台和传感器对环境要素实施大量的现场观测（in-situ observation）。人工或者固定观测站是对环境要素进行现场观测的重要手段，但这种方式在复杂、恶劣环境条件下以及紧急灾害等应用中的实施则通常比较困难，且其采集高时空密度数据的成本也较高。因此，发展和应用在复杂恶劣自然环境条件下环境要素高时空分辨率数据采集的新型低成本观测技术和装备，一直是环境观测领域的追求。

过去的几十年中，传感器网络技术得到快速发展，并正被大规模应用于环境观测应用中。相对于传统环境观测技术，传感器网络可以更高效地实现在自然环境中实时采集空间密集的环境要素数据，实现了分布式和实时环境观测的重大革新。关于环境观测传感器网络的部署、能源、通信、定位、数据采集和信息处理等，国际上已取得了广泛的研究成果。然而，传统的传感器网络只能采集固定观测点的数据，无法实现适应环境变化的数据采集能力。为提高网络的环境观测空间覆盖率，一些传感器网络也赋予了传感器节点一定程度的移动能力，如利用电缆绞车带动水下观测传感器实现其沿深度方向变化等，但它们的运动仍然受约束而无法实现复杂动态环境观测应用中要求的任意空间位置数据采集。

自从第一台商业机器人诞生以来，机器人科学取得了巨大的进步。随着传感器、计算机、人工智能等技术的发展，机器人可以在多种复杂不确定环境中，通过传感器和计算机算法感知环境、建立环境模型、自主规划和控制任务执行。近年来，随着机器人在自然环境中（包括空中、陆地、海洋环境）长时间、长距离可靠运行能力的提升，以及其成本的逐步下降，应用机器人对自然环境进行观测成为机器人和环境观测领域关注和发展的重要方向。相对于人工观测、固定观测站和固定传感器网络等手段，机器人可以在复杂、恶劣、危险环境中对环境数据进行大范围、长期持续，以及任务和环境适应性的高效采集。大规模应用机器人对自然环境进行观测，将是环境观测的又一次重大革新。针对将来的发展和应用趋势，国际上在机器人学和环境科学方面已经形成了一个新的研究领域，解决高效地应用自主机器人对复杂自然环境进行观测存在的诸多重要问题。随着机器人技术以及其环境观测应用研究的不断进展，环境观测将进入机器人化的新时代。

1.2　机器人环境监测代表应用领域——海洋环境观测

目前，可以看到多种类型的机器人包括陆地机器人（autonomous ground vehicle，AGV）、空中机器人（unmanned aerial vehicle，UAV）、水面机器人（unmanned surface vehicle，USV）、水下机器人（autonomous underwater vehicle，AUV）成功应用于自然环境观测，图 1.1 为 Robovolc AGV 在欧洲最大活火山、Aerosonde UAV 在南极、Wave Glider USV 在夏威夷海域、海神号 AUV 在马里亚纳海沟执行环境观测任务。其中，海洋机器人对海洋环境进行观测，其研究和发展在机器人环境观测领域最具有代表性。以下对其研究和发展现状进行简要介绍。

(a) 陆地观测　　　　　　　　　　　　　(b) 空中观测

图 1.1　陆地、空中、水面、水下机器人执行环境观测任务[1]

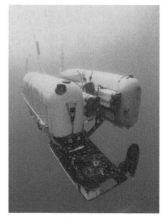

(c) 水面观测　　　　　　　　　　　　　　　　(d) 水下观测

图 1.1　陆地、空中、水面、水下机器人执行环境观测任务[1]（续）

1.2.1　面向海洋环境观测的海洋机器人

地球表面的四分之三由海洋所覆盖，海洋环境及其变化对地球系统以及人类生产生活具有重大的影响，因此，对海洋环境进行观测具有重要的需求。海洋环境现场观测平台是海洋环境观测的基础。由于对复杂、动态海洋环境长期连续观测的需求，无人、自主海洋观测平台是获取海洋环境观测数据不可或缺的重要工具。按照是否具有机动能力，将其分为固定平台和移动平台。固定平台如固定浮标/潜标，主要用于获取海洋固定位置环境要素随时间变化的数据。由于海洋空间的大尺度以及其非均匀性和动态性，固定平台难以以低成本的方式获取动态海洋的高时空分辨率数据，因此，自主移动平台（autonomous lagrangian platform）成为动态海洋环境要素分布高时空分辨率数据获取的主要工具。随着对多尺度动态海洋过程高时空分辨率观测需求的发展，自主移动平台以及基于自主移动平台构建的移动海洋观测网络成为海洋环境观测装备技术与系统发展的重要方向。

自动剖面浮标（autonomous profiling float）是自主移动海洋观测平台的重要代表，基于自动剖面浮标构建的 Argo 观测网络是全球尺度海洋 2 000 m 水体温度和盐度时空分布数据获取的主要途径[2]。但自动剖面浮标缺乏水平方向运动控制能力,只能随波逐流,因此自动剖面浮标以及 Argo 网络仍无法满足诸多重要动态海洋过程精细化观测需求。为克服自动剖面浮标的技术局限,美国海洋学家 Stommel 提出具有水平运动控制能力的水下滑翔机(underwater glider)的概念[3],之后美国率先在国际上研发了具有代表性的 Slocum、Spray、Seaglider 水下滑翔机系列并推进其应用,如图 1.2 所示。此后,国际上开展了大量水下滑翔机研发与海洋观测应用工作,显示出了其在精细化海洋观测中的重要发展应用前景[4]。目前,水下滑翔机已经成为国际上继自动剖面浮标后致力于发展和应用的新一代自主移动海洋环境观测平台,其不仅已业务化地应用于美国 IOOS、澳大利亚 IMOS 海洋观测系统,也正在被欧盟积极推进,以期发展成为全球海洋观测系统 GOOS 的重要组成部分[5]。

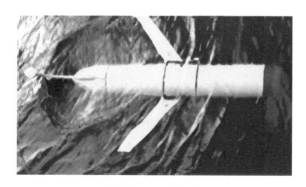

(a) Slocum 水下滑翔机

(b) Spray 水下滑翔机

图 1.2 美国研发的 Slocum、Spray 和 Seaglider 水下滑翔机

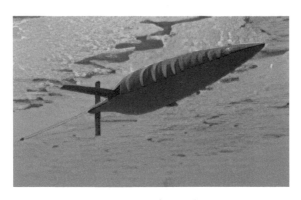

(c) Seaglider 水下滑翔机

图 1.2　美国研发的 Slocum、Spray 和 Seaglider 水下滑翔机（续）

水下滑翔机依靠浮力引擎驱动，其航行速度相对较慢，且主要以垂直剖面锯齿形式路径运动。为了实施海洋过程水平剖面高效观测，以及对快速动态特征的长期机动跟踪观测，面向海洋观测应用的螺旋桨驱动的小型、长续航力自主水下机器人也成为运动可控自主移动平台的重要发展方向[6]，其代表如美国 Tethys、英国 Autosub LR、我国"海鲸"。此外，针对海气界面观测，美国 Liquid Robotics 公司提出并研发了波浪滑翔机（wave glider），目前波浪滑翔机已经成为重要的海气界面运动可控观测平台。近年来，依靠风帆驱动的无人帆船成为海气界面自主移动观测平台发展的热点，国际上也开展了大量的研发与应用工作[7]。

与国外相比，我国面向海洋环境观测应用的海洋机器人研发与应用起步较晚。2003 年，中国科学院沈阳自动化研究所在国内率先开始了水下滑翔机的研发工作。其后，面向海洋环境时空观测需求以及海洋观测平台技术发展趋势，在国家科技部、自然科学基金委、中国科学院等多方支持下，中国科学院沈阳自动化研究所、天津大学、中国海洋大学、哈尔滨工程大学、西北工业大学、中国船舶集团第 710 研究所等多家单位开展了水下滑翔机、长航程自主水下机器人、波浪滑翔机、无人帆船等面向海洋观测应用的海洋机器人研发与应用工作，图 1.3 为部分成果。

(a) 海燕水下滑翔机

(b) 海鲸长航程自主水下机器人

(c) 蓝鲸波浪滑翔机

图 1.3　我国研发的海燕水下滑翔机、海鲸长航程自主水下机器人、
蓝鲸波浪滑翔机、海鸥无人帆船

(d) 海鸥无人帆船

图 1.3 我国研发的海燕水下滑翔机、海鲸长航程自主水下机器人、
蓝鲸波浪滑翔机、海鸥无人帆船（续）

1.2.2 闭环反馈自适应海洋观测技术框架

与固定平台和运动不可控自主移动平台相比，海洋机器人的优势是在复杂海洋环境影响下具有按需可控的机动能力。因此，如何充分发挥其可控机动能力，实现其根据任务要求、自身状态以及海洋环境状态的具有动态变化适应性的最优调整其观测策略、位置、路径和行为能力，以在海洋机器人能力和海洋环境约束下获取满足任务要求的最优数据，是应用海洋机器人进行海洋观测的关键。自适应观测（adaptive observation）能力直接决定着应用海洋机器人的海洋观测系统的效能[8]。

美国在发展水下滑翔机平台技术的同时，提出了基于海洋机器人组成的区域性海洋观测网络系统对海洋进行自适应观测的概念[9]，并随后实施了自适应海洋采样网络（adaptive ocean sampling network，AOSN）研究项目[10]。项目研究将海洋机器人网络与对海洋环境进行估计和预报的数值海洋模式（numerical ocean model）构成闭环反馈系统，基于网络获取的观测数据用数值海洋模式的效用评估反馈机制来优化和控制观测网络的观测策略和观测路径，以达到为基于数值海洋模式的海洋环境估计和预报提供所需最优同化数据的自适应海洋观测目标。

AOSN 项目针对区域覆盖和动态特征追踪两方面，在自适应观测涉及的观测数据效用评估、观测策略优化、海洋状态估计预测、海洋机器人观测路径规划、海洋机器人协同运动控制等方面取得了系统的研究结果，并先后于 2003 年和 2006 年于美国西海岸 Monterey 海湾进行了自适应海洋观测实验演示[10-11]，验证了自适应海洋观测技术对海洋观测和预测系统效率和效能带来的大幅提升。

AOSN 的研究工作为自适应海洋观测技术发展奠定了重要基础，其发展的"数据采集—数据同化—海洋预测—观测决策—路径规划—平台控制—数据采集"的闭环反馈自适应海洋观测和预测范式，也成为目前基于海洋机器人的自适应海洋观测和预报技术与系统研究发展的重要思想[12-13]。

基于闭环反馈自适应海洋观测框架，国际上针对其中涉及的环境建模、数据同化、状态预测、观测优化、路径规划、平台控制等技术均开展了相关的研究工作。相对于针对建模、同化、预测、优化、规划、控制等各领域研究，将各相关领域技术耦合构成系统并基于闭环反馈系统进行研究，是闭环反馈自适应海洋观测技术研究的特点。以下分别针对面向不同海洋观测任务目标和观测系统能力，对闭环反馈自适应海洋观测技术框架具体实现及其中关键技术研究展开介绍。

1.2.3　面向提高数值海洋模式预报技巧的自适应观测

相对于浩瀚的海洋水体，由海洋机器人获取的直接观测数据是稀疏的。因此，生成高时空分辨率格点数据的数值海洋模式是业务化海洋观测和预报系统，以及诸多海洋、气候研究的核心工具。数值海洋模式通过建立数学物理方程组反映海洋动力、物理等及其相互作用等复杂过程，并采用数值积分的方法对离散化的偏微分方程组进行求解。由于模式结构、参数、数值计算、初始和边界条件等误差影响，导致数值海洋模式的预报结果存在误差。因此，海洋观测系统获取数据的重要应用目标即校正模式结构、参数，降低预报误差，以使数值海洋模式精准仿真和预报海洋状态及其变化；相应的，面向降低海洋模式预报误差、提高海洋模式预报技巧（prediction/forecast skill）的自适应观测是研究发展的重要内容。

观测数据应用于改进海洋模式预报的维度包括结构、参数、初边值条件、结果等多个方面[14]。由于海洋模式数值积分的初始场对于预报具有重要的影响，面向提升海洋模式预报技巧的自适应观测研究，优化观测，为修正海洋模式预报初始场的数据同化提供所需的最佳数据为重要研究内容。美国开展的 AOSN 项目，即运行 ROMS、HOPS、NCOM 三型数值海洋模式，并以修正模式初始场所需最优同化数据为目标，实施海洋机器人观测网络的反馈控制。研究中，为使结果可适应于不同海洋模式及其数据同化方法，以基于客观分析（objective analysis）方法[15]和海洋机器人网络获取数据精确重构初始场为目标，反馈控制海洋机器人网络观测路径[16]。

　　除精确重构初始场目标之外，另一种主要的评估观测数据效用以优化海洋机器人运动路径的思想是基于目标观测（targeted observation）[17]。由于海洋动力学的非线性，初始场不同位置处的误差对未来预报结果的影响有所不同。目标观测即通过科学的方法计算对将来时刻（目标时刻）验证区域预报影响较大的区域（敏感区），以期在敏感区获得观测数据，使将来时刻（验证时刻）所关注的区域内的预报更加准确。目标观测的关键是计算敏感区，集合变换卡尔曼滤波（ensemble transform kalman filter，ETKF）是其代表性方法。文献［18］基于 ETKF 方法研究了 AOSN 实验中滑翔机观测路径获取数据的评估方法，从规划的滑翔机可行路径集合中选择被评估为最大化降低预报误差的观测路径作为执行观测路径。文献［19］研究了基于其提出的误差子空间统计估计（error subspace statistical estimation，ESSE）方法的海洋机器人观测路径获取数据评估方法，其后也是对可行路径集合中各路径观测数据进行评估并从中选择执行最优路径。我国穆穆院士提出了条件非线性最优扰动（conditional nonlinear optimal perturbation，CNOP）的敏感区计算方法，文献［20］基于 CNOP 方法和普林斯顿数值海洋模式（POM）开展了提高我国南海预报技巧的研究。但我国目前对基于海洋机器人的海洋环境目标观测仍未取得系统深入的研究结果。除了基于目标观测思想计算和评估最优观测路径，也有研究人员启发式的考虑，如海洋变化剧烈等位置处的初始场误差较大，利用海洋机器人对其进行自适应观测研究[21]。

　　基于设定的观测评估目标，反馈优化海洋机器人的观测路径以获得海洋环境和平台能力约束下最能满足目标的期望数据，是该研究中的另一关键问题。在 AOSN 研究中，为了减小观测路径优化问题的搜索空间，约束观测平台的路径为预定义形式的参数化曲线[16]。为避免预定义路径形式约束导致结果的次优性，文献［22］采用模拟退火方法研究了用海洋机器人网络精确重构海洋环境要素场的无预定义形式约束观测路径优化方法。由于目标观测方法计算和评估最优路径的计算复杂性，在其研究中采用了对有限备选路径进行评估择优选择的方法。文献［23］和文献［24］则针对移动平台沿路径获取数据对降低初始场误差效用的积分最大为目标，分别采用混合整数线性规划方法（mixed integer linear programming）和遗传算法进行路径规划。

1.2.4 面向数据驱动海洋环境要素场重构的自适应观测

随着数值海洋模式技术的发展，其预报技巧逐步提升，但其对小微尺度海洋过程的精准建模、仿真和预报、对海洋机器人获取的高时空分辨率观测数据价值的充分应用、基于其实时/近实时优化海洋机器人的快速响应，以及在计算软硬件资源受限条件下的应用等，仍存在技术挑战。因此，针对军民海洋环境信息保障、水下目标声学探测、海洋科学研究、海洋机器人自适应海洋观测应用等，对海洋环境精准透明化及针对高时空分辨率拉格朗日数据流的高效同化需求，研究数据驱动的海洋环境建模，以及基于数据驱动模型的闭环反馈自适应观测，是上节所述面向提升数值海洋模式预报技巧自适应观测外的另一重要方向。该方向中，对海洋环境要素场时空分布进行重构是开展的主要工作，主要研究内容包括数据驱动的海洋环境状态重构，以及以降低重构误差为反馈目标的观测优化。

如前所述，在美国开展的 AOSN 研究项目中，基于客观分析方法，利用观测数据对海洋环境进行重构，并以最小化重构误差为反馈目标优化水下滑翔机的预定义形式曲线路径[16]。考虑到水下滑翔机网络获得的观测数据具有海洋环境多尺度特性，文献［25］研究多尺度客观分析方法利用滑翔机观测网络数据重构海洋环境温度场，并利用观测系统模拟实验（observation system simulation experiment）对滑翔机网络规模与重构效果进行评估。与客观分析相近的统计分析中发展的克里金法（kriging method），在海洋领域也被用于环境场重构，并且克里金法输出的重构误差可作为优化目标，控制观测数据采集，如文献［26］研究应用克里金法和自主水下机器人观测数据重构羽流空间分布。

除上述基于观测数据最优插值实现海洋环境重构的方法之外，建立海洋环境模型并通过先验数据、观测数据估计和更新模型结构与参数，是数据驱动海洋环境要素场重构研究的另一种主要方法。高斯过程（Gaussian process）是时空过程统计建模与观测优化研究的重要工具[27]，在诸多领域广泛应用，在海洋领域诸多数据驱动海洋环境建模与自适应观测研究也基于高斯过程开展。在近期研究中，文献［28］研究了高斯过程在时空变化海洋环境建模与海洋机器人观测优化中的应用，并研究了为降低长期积累大规模观测数据应用于高斯过程学习的复杂计算而对学习数据进行优化选择的方法。文献［29］针对基于数值海洋模式进行自适应观测的高计算复杂性，研究从数值海洋模式数据中学习高斯过程模型作为轻量化代理模型，并与文献［28］中相同也采用观测优化中近年来流行应用的互信息最大化作为目标，采用贪婪方法优化规划最大化信息增益的海洋机器人观测路径。

除了统计建模，另一种主要思路是基于时空基函数模型表达海洋环境。文献［30］研究基于径向基函数（radial basis function，RBF）的海洋环境标量要素场估计，并研究了基于分布式控制范式和基于行为控制（behavior-based control）方法的面向降低估计误差的海洋机器人网络控制。文献［31］针对海流场的估计，将海流分解为潮汐成分和非潮汐成分，分别针对其特性研究了相应时空基函数表示模型，并基于卡尔曼滤波方法利用实时观测数据更新模型时间基函数参数以对动态海流场进行估计。除了基于 RBF 等通用型基函数或基于先验知识设计基函数，从数据中直接学习基函数是数据驱动建模的重要方法。文献［32］开展了从数值海洋环境模型输出的数据中采用本征正交分解方法（proper orthogonal decomposion，POD）计算海洋模态，并以主导模态为基表达、重构海洋环境和以最小化重构误差为目标的观测优化研究，表明了海洋环境的低维结构特性和该方法的有效性。基于 POD 等模态分解方法从数据中学习海洋环境模态并以此为基础建模海洋环境和优化观测，也是目前数据驱动的海洋环境建模和自适应观测研究的重要技术途径。

1.2.5　面向海洋动态特征追踪和测绘的自适应观测

与大气相比，海洋蕴含更为丰富的多尺度动态特征（或动态过程，以下统称为动态特征）（dynamic feature/process）。中尺度涡旋、锋面、跃层、内波、羽流等动态特征对海洋物质能量的分布、输运、演化预报，以及水声传播具有重要影响。对海洋动态特征进行三维空间加时间的四维观测与预报，在海洋环境信息保障、水下目标探测、海洋科学研究、海洋灾害防控等方面具有重要需求。文献［33］等研究表明，目前的业务化数值海洋模式仍难以实现对于小微尺度的海洋动态特征精准建模与预报。目前，利用海洋机器人直接追踪和测绘（tracking and mapping）海洋动态特征，获取其拉格朗日坐标系的高时空分辨率数据，是对其精准认知、建模、预报的最重要手段。由于海洋动态特征的动态性，实施自适应观测是应用海洋机器人对其有效追踪和测绘的关键。因此，除了在上述两方面进行自适应观测研究外，面向海洋动态特征追踪和测绘的自适应观测是国际上自适应观测研究与应用的第三个重要方面。

海洋机器人具有在线自主能力，因此海洋机器人基于实时反馈的传感器信息进行在线决策，并规划其追踪和测绘海洋动态特征的路径和行为，是该研究中的一个主要方向。羽流是海洋环境的重要动态特征之一，其追踪和测绘在海洋赤潮、溢油、深海热液资源勘查等方面具有重要需求。针对羽流追踪，文献［34］研究了自主水下机器人模仿飞蛾行为的羽流追踪策略，机器人基于羽流检测传感器实时反馈信息，转换其羽流追踪行为，进而完成追踪任务。在墨西哥湾深水地平线溢油事故中，文献［35］也采用文献［34］研究中机器人所表现出来的"之"字形运动路径，应用自主水下机器人对海洋溢油羽流进行追踪和测绘，获得了对溢油羽流建模与评估的重要数据。除了羽流追踪和测绘，"之"字形的运动路径也是对温跃层与锋面追踪和测绘的主要形式。文献［36］和文献［37］分别开展了自主水下机器人采用二维和三维空间的"之"字形路径，基于传感器实时反馈信息自主追踪和测绘温跃层和上升流锋面的研究工作，三维"之"字形运动路径获得了上升流锋面的三维空间加时间的四维信息。

在上述单个海洋机器人研究的基础上，国际上也开展了海洋机器人网络对海洋动态特征追踪与测绘的研究工作。相对于单个海洋机器人，海洋机器人网络的研究需增加网络观测信息融合与海洋特征估计、网络阵型控制与网络通信交互内容，具有更高的技术复杂性。文献［38］在文献［34］的基础上研究了自主水下机器人网络通过网络检测信息控制和变换三角形队形追踪羽流的方法。文献［39］

针对内波观测，开展了两台自主水下机器人基于水声通信交互，协作测绘内波的研究与实验，其中两台机器人分别承担主从角色并采用不同观测行为。在 AOSN 项目中，文献［40］研究了基于虚拟体和人工势场的水下滑翔机网络队形控制方法，以及基于网络信息估计梯度并对梯度进行追踪的方法。在其基础上，文献［41］进一步研究了融合自主移动平台网络信息对海洋环境特征进行估计的协同卡尔曼滤波方法，并基于该方法研究了对特征进行最优估计的网络阵型。由于在海洋环境中水声通信是实现网络信息融合与队形控制的关键，文献［42］和文献［43］分别研究了自主移动平台上运行海洋声学模型以及自主移动平台通过实测水声通信链路的方法，进而对水声通信性能进行评估以指导网络的观测信息交互优化。

在上述反应式的追踪测绘研究之外，通过感知信息单独或结合其他辅助信息建立动态特征模型并对其进行预测，结合模型和预测信息实施追踪测绘是该方向研究中的另一范式。文献［44］面向羽流追踪，研究了机器人基于检测信息建立羽流分布模型、机器人进一步收集羽流信息以优化模型和利用模型指导信息朝向源头的环境探索，其提出的信息趋向性（Infotaxis）成为优化机器人运动以建立和利用模型的重要思想。文献［45］、文献［46］和文献［47］则分别针对利用海洋机器人追踪和测绘温跃层、羽流和锋面，研究了以数值海洋模式作为辅助模型，结合数值海洋模式对动态特征的预报信息，优化海洋机器人对海洋动态特征的追踪和测绘运动，数值海洋模式同时同化海洋机器人获取的观测数据以进一步提高数值海洋模式对动态特征预报的精准度，更好地指导进一步的观测。在文献［48］的研究中，则利用置于动态特征中的漂流浮标位置和运动信息来规划海洋机器人对动态特征的追踪和测绘运动。文献［49］针对中尺度涡旋的追踪和测绘研究，基于卫星高度计的信息来预测涡旋中心的运动，进而规划海洋机器人网络对中尺度涡旋的追踪和测绘运动。

1.2.6　综合评述

随着对动态、多时空尺度海洋精细化观测、预测、认知需求的发展，具有可控移动和智能自主能力的海洋机器人是近年来海洋环境观测发展应用的重要方向。随着面向海洋环境观测应用的海洋机器人谱系的成熟，由各类型海洋机器人构建具有运动可控能力的三维立体海洋环境自主移动观测网络，并与其他观测和预报系统融合实施规模化应用，是国内外海洋环境观测预报技术与系统发展的重要方向。

与传统观测网络的"开环"海洋环境观测模式相比，海洋机器人网络可实现"数据采集—数据同化—海洋预测—观测决策—路径规划—平台控制—数据采集"的"闭环"海洋观测模式。大规模、异构海洋机器人组成的移动观测网络通过闭环反馈机制，在无人干预下自动化、最优化地持续为应用需求提供最大信息价值的海洋环境时空观测数据流，是基于海洋机器人网络的海洋环境观测和预报系统充分发挥其可控、机动、自动化、最优化效能所需具备的重要能力。针对应用需求，国际上针对闭环反馈自适应海洋观测开展了积极的研究工作，对海洋机器人单体、单体通过信息交互构成网络、单体或网络与海洋预报模型构成系统的三个层次，开展了相应问题与目标的自适应海洋观测研究。在自适应环境观测领域，与陆地、大气相比，海洋研究结果最为系统、丰富和具有代表性。

1.3　机器人化学羽流追踪观测

自然环境中的化学羽流（化学等非周围环境物质在环境流场输运、湍流扩散及其自身浓度梯度等作用下在环境中形成的运动流体），是自然环境中的典型的动态特征。由于机器人追踪观测化学羽流在诸多应用中具有重要的应用需求，因此将化学羽流作为研究对象，研究机器人对其进行高效的追踪观测，成为国际上机器人环境观测的一个重要研究分支。

国际上针对陆地、空中、水下机器人化学羽流追踪观测都开展了大量的研究工作[50-51]，其中水下机器人化学羽流追踪观测的研究工作和结果具有代表性。本节对国际上开展的机器人化学羽流追踪观测研究进行介绍，下节介绍国际上针对水下机器人化学羽流追踪观测开展的研究工作和代表性结果。

机器人化学羽流追踪观测的研究内容涉及羽流时空分布特性[52]、流速流向和羽流示踪物质探测传感器[53]、生物追踪羽流策略和行为[54]、仿真研究环境和实验平台[55]、机器人基于探测传感器信息追踪观测羽流的自主导航控制等多方面[51]，其中主要研究内容为自主机器人追踪观测羽流的策略和算法。

根据机器人执行化学羽流追踪观测的任务目的，开展的机器人化学羽流追踪观测的策略和算法研究又可以分为两个方面：一是羽流源头定位（plume source localization），即机器人追踪观测化学羽流并利用获得的羽流信息快速地搜索和定位羽流的源头；二是羽流测绘（plume mapping），即自主机器人追踪观测化学羽流并利用获得的羽流信息重构羽流示踪物的时空分布。

机器人追踪观测化学羽流和定位化学羽流源头的策略和算法，主要研究思路可划分为以下两种：

① 利用信息和控制领域的相关理论，研究和设计高效的自主机器人追踪观测化学羽流，进而估计化学羽流源头位置，并同时向估计的羽流源头方向运动的策略和算法。

② 从自然界中的生物追踪羽流的策略和行为获得启发，研究和设计自主机器人模仿生物行为追踪观测羽流的策略和算法。

在第一种研究思路中，首先假设羽流的时空分布符合某一数学模型，如时均高斯分布模型、对流扩散模型、粒子随机行走模型、概率统计模型等，然后借此研究机器人基于获取的流场信息、羽流浓度或分布信息在线优化或估计模型参数（包括源头位置）的算法，以及基于估计结果的机器人进一步收集有效信息且向源头方向前进的在线实时路径规划算法。如文献［56］基于羽流分布随时间演化的对流扩散模型，研究了机器人在线自调整其运动轨迹以最优估计模型参数的算法；文献［57］基于羽流粒子随机行走模型和人工势场算法，研究了用贝叶斯概率估计算法估计羽流源头位置和机器人向估计得到的源头方向前进的路径规划算法；文献［44］研究了基于湍流分布概率模型的羽流源头位置估计算法，以及基于估计结果的机器人进一步观测羽流并同时向估计的源头位置前进的在线实时路径规划算法。在复杂的自然环境中，由于影响羽流时空分布的最主要因素——流场，通常是非均匀且时变的（即流速和流向随位置和时间均在变化），且机器人通常难以获取流场分布的全局信息，因此机器人利用获取的局部流场信息和羽流信息估计羽流分布和上游方向的源头位置，在复杂的自然环境中往往比较困难。因此，基于模型参数估计思路的研究成果，主要体现在实验室环境中人工模拟的小时空尺度羽流（流场可近似为均匀和定常，羽流的湍流成分小）或计算机仿真实验（对复杂自然环境下的羽流和流场进行了简化）。

自然界中的生物如飞蛾、海鸟、龙虾、螃蟹、鱼类等利用瞬时嗅觉感知追踪观测自然界羽流的行为看似简单，然而却非常有效[54,58]，因此众多的研究人员从行为仿生的角度出发，模仿生物的追踪羽流边缘、羽流中心线或与羽流保持接触的逆风"之"字形运动到达源头的策略和行为，研究和设计机器人有效追踪自然环境羽流到达其源头的策略和算法，进而最终实现自主机器人对源头位置的精确定位。如文献[59]研究了模仿飞蛾行为的羽流追踪策略，并在类似小型风洞的计算机仿真环境中进行了仿真实验，对算法的性能进行了分析；文献[60]研究了仿龙虾机器人，在水槽中进行了行为仿生羽流追踪策略的实验；文献[61]研究了两个模仿飞蛾行为的三维仿生羽流追踪策略，并在搭建的实验平台Robo-Moth上对算法进行了实验，成功地追踪释放的离子羽流到达源头的位置；文献[62]采用羽流粒子随机行走的计算机仿真模型和6自由度飞行器非线性动力学模型，研究了模仿飞蛾行为的仿生羽流追踪策略和算法。

在研究自主机器人羽流追踪观测和源头定位的同时，国际上研究人员也开展了许多自主机器人自主羽流测绘的研究工作，即研究自主机器人基于获取的羽流和流场分布信息，在线规划羽流的追踪观测路径以实现对羽流的自主和自适应观测，以最优的方式收集期望的羽流时空分布信息。如文献[63]研究了利用机器人标量化学传感器信息构建羽流浓度分布图的算法，基于构建的羽流浓度分布图可以估计羽流源头的位置。除了研究用机器人直接构建羽流示踪物强度/浓度分布图，结合自主机器人定位羽流源头的研究，研究人员也开展了基于化学传感器信息构建设定区域内羽流源头位置分布图的算法和基于构图结果的机器人航行到羽流源头位置的路径规划算法，如文献[57]。虽然这些研究开展了自主机器人自主观测羽流和羽流构图算法研究，但构图算法和路径规划算法都是针对以自主机器人快速和精确定位羽流源头为目的开展的研究工作，这方面的研究工作为羽流测绘研究提供了很好的借鉴。由于此类研究在海洋环境监测、羽流模型研究和羽流示踪物时空分布特性等应用中具有广阔的应用前景，更多的观测羽流以收集其时空分布信息的应用和研究，都以水下机器人为主，其研究在下节介绍。

以上介绍的研究工作主要是针对单机器人，国际上也开展了一些针对多机器人协作进行化学羽流追踪观测的研究工作，如文献［64-65］，其基本追踪观测羽流策略的思想与单机器人相似，在此不再赘述。

1.4 水下机器人化学羽流追踪观测

1.4.1 代表性应用

水下机器人追踪观测化学羽流在深海资源调查、深海资源开发环境评估、海洋环境监测、海洋科学研究、水下搜救、水下考古、水下武器搜索定位等诸多领域均具有重要应用，以下介绍三个代表性应用。

1. 深海热液羽流追踪观测

海底热液活动（hydrothermal activity）是 20 世纪海洋科学和地球科学研究中的重大发现之一，目前已经成为国际上海洋、地球和生命科学等多学科研究的前沿和热点[66-68]。海底热液喷口（hydrothermal vent）是热液活动的突出表现（图 1.4 为太平洋洋中脊一处热液喷口），它不仅自身具有重要的科学研究价值，

图 1.4 太平洋洋中脊一处热液喷口

而且在它附近形成的多金属硫化物矿床和独特的热液生态系统，还为人类提供了丰富且易于开发的矿产和生物等资源。因此，针对热液活动研究和热液资源开发的迫切需求，热液喷口的寻找、定位和探测是包括我国在内的国际深海探测工作的一个重点。

海底热液喷口通常位于数千米的海底深处，且其尺度通常为厘米－米级。而其喷发的热液流体在海流的输运下形成的热液羽流，尺度则可达数十甚至数百千米。因此，追踪观测深海热液羽流进而找到其源头就成为寻找和定位海底热液喷口的最有效手段。目前，首先利用科学考察船搭载羽流探测传感器的深海拖体进行热液羽流的大范围走航式观测，之后利用自主水下机器人对热液羽流进行高分辨率的追踪观测并精确定位热液喷口，是对热液羽流进行追踪观测和热液喷口精确定位的常用和有效方式。自主水下机器人追踪观测深海热液羽流进而精确定位热液喷口，并对热液喷口和热液活动区进行探测已得到了广泛应用，如美国的ABE、Sentry、Puma、Jaguar，Nereus，日本的 r2D4、Tuna-Sand、Urashima，英国的 Autosub 6000[69]，我国的"潜龙二号"等，如图 1.5 所示，这些成功应用均显示出了自主水下机器人用于热液羽流追踪观测和热液喷口定位、探测所具有的独特优势和良好的应用前景，也促使自主水下机器人成为近年来国际上致力于应用和发展的深海热液羽流追踪观测和喷口探测装备。

(a) ABE (b) Sentry

图 1.5　应用于深海热液活动探测的自主水下机器人

(c) Puma

(d) Jaguar

(e) r2D4

(f) Tuna-Sand

(g) Urashima

(h) Autosub 6000

图 1.5 应用于深海热液活动探测的自主水下机器人（续）

(i) 潜龙二号

图 1.5　应用于深海热液活动探测的自主水下机器人（续）

2. 深海溢油羽流追踪观测

随着海洋石油开采业的迅猛发展，海洋溢油事故频发。溢油事故发生后的应急响应和处理、溢油的有效控制和快速清除，以及溢油事故的影响评估已成为国际上高度重视的问题。相对于浅海溢油，深海溢油的探测、处理和影响评估等面临更大的困难，主要是因为在高压低温的深海条件下，并非全部溢油都能浮升至海面，一部分浮力较小的溢油会在海流的输移和扩散作用下形成悬浮在海洋水体中的溢油羽流。如 2010 年 4 月，美国墨西哥湾"深水地平线"钻井平台发生爆炸事故，从油井中溢出的石油有相当一部分在海面以下 1 100～1 200 m 处形成了长度约 35 km、宽度约 2 km、厚度约 200 m 的溢油羽流。为了有效控制和清除深海溢油、评估溢油的影响，需要在溢油事故发生后快速确定溢油量，溢油形成的水下羽流位置和时空分布，水下溢油羽流中各种化学物质的成分、浓度及其随时间和空间的演化等，即需要对水下溢油羽流进行观测，获取准确有效的溢油信息，进而制定相应的溢油事故应急处置策略。

目前，已经有很多先进的水面溢油实时观测技术得到发展和应用，如船载雷达、卫星、航空观测等，但由于受水深的影响，自主水下机器人是快速、高效地观测水下溢油羽流不可替代的重要工具。将自主水下机器人应用于水下溢油羽流观测受到国内外的广泛关注，并已经获得了成功的应用。如在"深水地平线"事故中，美国利用 Woods Hole 海洋研究所的 Sentry 自主水下机器人和 Monterey 海湾海洋研究所的 Dorado 自主水下机器人观测水体中形成的溢油羽流（如图 1.6 所示），获得了溢油羽流的位置、尺度、通量、成分和浓度分布及其时空演化等详细的数据，为溢油量的估算、水下溢油的控制和处置、水下溢油羽流的建模和预测，以及水下溢油羽流对环境和生态的影响评估等提供了非常重要的数据[70]。这些成功应用充分显示出了自主水下机器人在水下溢油羽流追踪观测中所具有的独特优势和良好的应用前景。

(a) Sentry 自主水下机器人　　　　　　　(b) Dorado 自主水下机器人

图 1.6　探测溢油羽流的 Sentry 和 Dorado 自主水下机器人

3. 海洋有害藻华观测

在众多的海洋动态特征中，人们直观印象最为深刻的便是海洋赤潮。海洋赤潮是指海洋水体中某些微小的浮游植物、原生动物或细菌，在一定的环境条件下突发性增殖和聚集，引发一定范围和一段时间内的水体变色现象，如图 1.7 所示。赤潮是人们习惯上的称谓，但它不一定显现为红色，有时会呈现绿色、黄色甚至褐黑色，而且也并非一定是有害的海洋生态现象。现在国际上一般使用有害藻华（harmful algal blooms，HABs）来描述赤潮等相似的水体生态灾害。

由于 HABs 会对海洋环境和人类健康产生威胁（生物量过大的藻类，其新陈代谢过程和死亡藻体分解过程会耗尽水中溶解氧，导致水体缺氧，引起鱼类、贝类等其他生物死亡；部分有毒藻华产生的毒素，在食物链中积累、传递，从而危

图 1.7　赤潮

害较高营养阶海洋动物、人类健康，甚至生命安全等），国内外针对 HABs 开展了大量的研究工作，而对其进行高效的观测，包括气象、水文（温盐）、化学物质溶解量（有机盐等）和浮游植物种类和丰度分布等的观测，是对 HABs 进行研究、建模、预测、控制和影响评估的关键。对于 HABs 的观测，一般在其高发季节进行，但对于无季节性特点的 HABs 则需要全年进行观测。常规的 HABs 观测手段如卫星遥感等各有优势，但自主水下机器人是对动态快速变化的 HABs 进行高精度、高时空分辨率现场追踪观测的最佳选择（有些 HABs 从出现到消亡只有几天，甚至 1～2 天的时间）。自主水下机器人可以搭载多种水体温度、盐度、叶绿素、营养盐、溶解氧、生物等传感器，实现对 HABs 海域水文和生物的快速、实时、精确水下现场观测，特别是可以对随海流运动、在生命周期内有动态变化（发育、发展、维持、消亡）的 HABs 羽流的动态极值点、边界、时空分布等进行追踪观测。

1.4.2　代表研究工作和结果

由于水下机器人追踪观测羽流在深海资源调查、深海资源开发环境评估、海洋环境监测、海洋科学研究、水下搜救、水下考古、水下武器搜索定位等诸多领域均具有重要应用需求，因此国际上针对水下机器人羽流追踪观测开展了大量的研究工作，且水下机器人羽流追踪观测的研究工作和研究结果在机器人羽流追踪观测领域也具有代表性。

1. 生物行为仿生

鉴于生物具有在复杂自然环境中长距离追踪化学羽流的能力，生物行为仿生的方法是解决机器人在复杂自然环境中对化学羽流进行追踪观测的有效方法。针对水下机器人在近海海洋环境中长距离追踪化学羽流的应用需求，美国国防部和海军于 1998 年启动了"利用昆虫行为设计化学羽流追踪算法"和"在美国东西海岸进行近海水下实验"两个研究项目，针对水下机器人模仿生物行为追踪观测化学羽流并定位羽流源头进行研究。考虑到机器人在自然环境中追踪羽流的困难：羽流分布的不连续、羽流在非均匀和时变流场中形成的弯曲，以及自然环境中存在的多种因素的不确定性等，文献 [71] 研发了动态羽流计算机数值仿真模型，并借此研发了一个化学羽流追踪仿真实验环境。文献 [72] 基于此仿真环境，深入研究和优化了模仿飞蛾行为的羽流追踪策略。文献 [34] 基于该策略设计了自主水下机器人追踪羽流的基于行为的任务规划算法，该追踪策略和规划算法在美国 Woods Hole 海洋学研究所的 REMUS 自主水下机器人上实现，并于 2002 年和 2003 年成功地进行了近海环境水下实验[34,73]，（图 1.8 为 REMUS 自主水下机器人追踪羽流到达源头位置），2003 年实验中自主水下机器人在 367 m × 1 094 m 的搜

图 1.8　REMUS 自主水下机器人追踪羽流到达源头位置[74]

索区域中追踪罗丹明羽流 975 m 到达源头位置，同时利用研究的源头定位算法实现源头的平均定位精度达 13 m，如图 1.9 所示。目前，该结果仍是自然环境中机器人模仿生物行为追踪化学羽流实验研究的最远距离纪录。该针对水下机器人实施的仿生化学羽流追踪研究和实验也是目前国际上机器人采用模仿生物行为的策略和算法进行自然环境中化学羽流追踪观测的代表性研究结果。

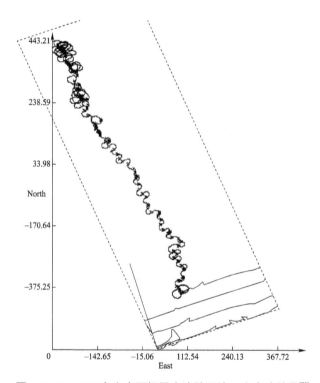

图 1.9　REMUS 自主水下机器人追踪羽流一次实验结果[73]

　　在上述研究的基础上，中国科学院沈阳自动化研究所研究了多自主水下机器人协作化学羽流追踪策略和算法。采用跟随领航者的方式，主机器人采用上述的仿生追踪策略，从机器人跟踪主机器人并与主机器人保持固定队形，在羽流追踪过程中通过主从机器人之间角色的切换实现多白主水下机器人协作，对化学羽流进行追踪和源头定位[75]。此外，还针对在弱流场海洋环境中海流的方向信息对于羽流追踪不具有指导作用这一事实，提出了一种自主水下机器人模仿自然界中龙虾等生物仅基于双化学传感器信息的仿生羽流追踪策略和算法。基于在自主水下机器人上安装的一对化学传感器获取的信息，结合自主水下机器人追踪羽流的"之"字形的运动路径，获取的羽流观测信息，估计羽流的中心线，进而自主水下机器人沿着估计得到的羽流中心线追踪羽流，而不需要利用海流的方向信息[76]。

2. 深海热液羽流追踪

深海热液羽流追踪观测是水下机器人羽流追踪观测的一个重要应用，国际上针对该应用也特别开展了相关的研究工作。自主水下机器人在热液活动区内追踪观测热液羽流，文献［77］提出一种三阶段嵌套观测策略，该策略由三个连续的羽流观测阶段组成，每一个阶段中自主水下机器人均采用预规划的梳形观测策略，但后一阶段采用更小的观测范围和更高的观测分辨率，同时更接近海底。第一阶段，对热液非浮力羽流进行观测，从观测结果中找到浮力羽流部分；第二阶段的观测范围和分辨率根据第一阶段结果确定，主要目标是找到浮力羽流柱；第三阶段，根据第二阶段的观测结果，进一步缩小观测范围，提高观测分辨率，实现海底热液喷口的精确定位。美国利用 ABE 自主水下机器人和该策略已经在全球大洋多个热液活动区多次成功追踪观测热液羽流并精确定位热液喷口[78]。

上述策略中，每一阶段的观测范围和观测分辨率需要将自主水下机器人回收后由工作人员分析探测数据后确定。为了省掉水下机器人回收和探测数据人工分析工作进而提高作业效率，文献［79］和文献［80］分别研究了基于聚类算法和占用栅格标图算法的三阶段嵌套观测的自主水下机器人自主执行，即机器人采用该算法对前一阶段的羽流观测数据进行在线处理，并基于该结果在线规划下一阶段的羽流观测范围和观测分辨率。但在三阶段观测策略中，自主水下机器人每一阶段采用的策略仍然是预规划的梳形观测策略，因此获取有效信息的效率较低。为进一步提高观测效率，国际上研究了自主水下机器人基于热液羽流观测信息，在线实时决策、规划，自主追踪观测热液羽流的策略和算法。如文献［81］研究了自主水下机器人在进行梳形观测时如果判断出其位于浮力羽流柱的顶端，则采用螺旋观测路径以获取更详细的浮力羽流信息；文献［82］介绍了日本 r2D4 自主水下机器人在热液羽流观测过程中若检测到异常，则实时转换到点、线或区域三种局部精细观测路径以对该位置进行更高分辨率的观测；文献［83］基于部分可观测马尔可夫决策过程（POMDP）规划算法，研究了自主水下机器人自主观测热液羽流及到达海底热液喷口位置的路径规划算法。中国科学院沈阳自动化研究所针对我国"潜龙二号"自主水下机器人追踪观测深海热液羽流和定位海底热液喷口的应用需求，开展了自主水下机器人模仿飞蛾行为追踪观测深海热液羽流的研究，对热液羽流模型、自主水下机器人在线决策和规划、精确路径跟踪、追踪观测热液非浮力羽流和浮力羽流的策略和算法进行了系统研究，并对自主水下机器人的规划、控制和非浮力羽流追踪观测算法在我国大连湾海域进行了罗丹明化学羽流追踪的实验验证[84]。

3. 羽流测绘

除了水下机器人追踪观测羽流以定位羽流源头，国际上针对水下机器人观测羽流以精确获取羽流时空分布信息也开展了相关的研究工作。如俄罗斯利用 MMT 自主水下机器人观测淡水羽流，以辨识其边界和确定其分布范围；文献 [85] 报道了美国海军在利用 REMUS 自主水下机器人观测 TNT 羽流并绘制浓度分布图，进而确定 TNT 炸药的位置；文献 [86] 介绍了利用 REMUS 自主水下机器人观测罗丹明化学羽流，在羽流远场采用较长的测线，而在羽流近场采用较短的测线，以提高羽流测绘效率；文献 [87] 研究了利用羽流模型预测羽流分布，进而根据预测结果实时确定自主水下机器人观测羽流的测面和测线以提高观测效率；文献 [26] 研究了地统计分析中的克里金估计方法，以对利用自主水下机器人观测的羽流信息对羽流浓度分布场进行重构。

为了进一步提高观测效率，国际上也开展了自主水下机器人基于获取的传感器信息，实时规划羽流观测路径的方法和算法研究。如文献 [88] 研究了自适应的梳状观测和羽流边界追踪观测算法，并利用无人水面机器人进行了热羽流观测实验；文献 [89] 研究了基于信息测度理论的羽流边界追踪观测算法，仿真实验自主水下机器人追踪观测静态羽流的边界，自主水下机器人基于边界信息可以快速获取该羽流空间分布的尺度和范围等；文献 [90] 研究了基于行为的自主水下机器人静态特征追踪观测策略和算法，采用海底地形数据进行了仿真研究，表明自主水下机器人基于传感器信息实时反映自主追踪观测海洋特征可以显著提高观测效率。

4. 海洋溢油监测

海洋溢油监测是水下机器人羽流追踪观测的重要应用。文献［91］介绍了水下机器人对墨西哥湾溢油事故后近岸溢油进行观测，利用高斯过程回归方法对溢油分布进行估计。针对溢油观测应用需求，中国科学院沈阳自动化研究所在国家自然科学基金项目支持下，也开展了水下机器人海洋溢油追踪观测方法研究。

5. HABs 追踪观测

针对受海流输运的 HABs 的追踪观测，国际上也开展了相关研究工作，如文献［92］研究了水下机器人基于区域数值海洋模式 ROMS 预测输出的羽流位置和边界分布信息，对动态羽流实施追踪观测，并通过计算机仿真对提出的策略和算法进行有效性验证。

1.5 机器人环境观测发展趋势

随着机器人技术、无线通信技术、数值环境模式技术、集群智能技术等的发展，机器人环境观测和监测的研究与应用体现出以下三个方面的发展趋势。

1. 集群化、网络化

随着移动传感器网络技术的逐步发展，以及应用于环境观测的机器人及其相关技术的不断成熟，应用多机器人集群组成移动环境观测网络逐渐成为国际上环境观测的热点研究课题。基于多机器人组成的环境观测网络，具有节点感知、功能和能力等可以按需灵活地进行时空分布的特点；同时，将不同类型、能力和特点的机器人联合起来组成移动观测系统，能够实现各机器人平台的能力和特点的互补和集成。因此，多机器人组成的移动环境观测网络具有更高的观测效率、更完善的功能、更强的观测能力，能够获取到单机器人或单一类型机器人所无法获取的高质量、多时空尺度环境要素的高时空分辨率观测数据。应用多类型、多个机器人集群组网观测是将来环境观测应用的重要趋势。

2. 集成数值环境模式

机器人对环境进行观测，除了观测环境现象以满足相关科学研究等需求外，一个非常重要的应用是：获取环境数据，为环境变化的预测提供支撑。

对大气、海洋等环境进行预测，最重要的手段是采用数值环境模式（数值大气模式、数值海洋模式等）[93]。数值环境模式通过计算机求解描述控制环境要素的动力、热力等过程的各种数学方程来实现环境状态变量的数值型预测。随着大气/海洋学等及计算机技术的发展，从20世纪50年代开始数值环境模式快速发展，其预测分辨率、精准度逐步提高。因此，将机器人和数值模式集成，构成一个闭环系统，通过模式来指导和优化机器人的环境观测任务、区域和路径，同时通过机器人为模式数据同化采集最优的观测数据以便降低模式的预测误差，是机器人环境观测研究和发展的一个重点方向。

通过集成数值环境模式构成闭环系统，数值模式输出的信息不仅可以指导机器人为数据同化目的提供数据以进行最优的环境观测；同时，数值模式输出的信息还可以为环境中的动态过程运动提供预测信息，进而为机器人对动态过程的追踪观测提供指导。

图1.10为集成数值海洋模式的水下机器人海洋环境动态特征追踪观测系统。该系统是一个四层嵌套的闭环反馈控制系统：

① 第一层是机器人的传感器数据处理和运动控制，实现机器人单体自身的闭环反馈运动控制，该层具有最小的控制周期。

② 第二层是机器人的在线导航规划，实现机器人基于数值海洋模式预测信息和自身感知信息，周期性地进行导航定位计算以及路径规划，实施反应式的特征追踪观测，该层具有稍长的控制周期。

③ 第三层是岸基导航规划，实施基于数值海洋模式的机器人导航定位和任务、路径规划，该层具有更长的控制周期。

④ 第四层是操作人员介入层，用于对使命进行指导和规划。

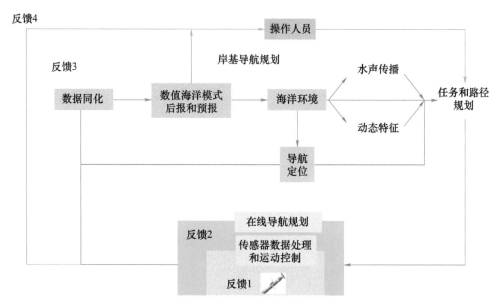

图 1.10 水下机器人海洋环境动态特征追踪观测的多环嵌套闭环反馈结构

3. 智能化

随着机器人的引入，环境观测实现了从有人化向自动化的发展。而随着具有智能自主能力的机器人的引入，环境观测将向智能化方向发展。充分发挥机器人的智能自主能力，实现机器人自主感知环境，与其他观测平台和系统进行信息交互，认知和预测环境的变化、通信环境和通信性能、定位精度和误差等，并能够判断其观测策略和观测路径上采集的数据对未来环境观测和预测系统性能的影响等，实现无人值守的自主、最优的环境观测和数据采集，是基于机器人的环境观测和监测发展的必然趋势。实现机器人环境观测系统的智能化，还面临诸多的技术挑战，需要开展长期持续的研究工作。

第 2 章

羽流模型和仿真

2.1　概　　述

机器人追踪化学羽流的策略和算法是机器人化学羽流追踪研究的关键。利用物理机器人进行羽流追踪实验，特别是进行复杂自然环境中大时空尺度羽流追踪实验，其复杂性和成本均较高。因此，在化学羽流追踪策略和算法研究的初期阶段，利用计算机仿真环境对研发的策略和算法进行验证和性能评估，是机器人化学羽流追踪策略和算法研究的重要环节。因此，保证在计算机仿真中研发的策略和算法在实际环境应用中具有同样的效果，能够体现自然环境中的羽流特点和机器人追踪羽流问题的复杂性因素，就成为机器人羽流追踪计算机仿真研究的关键。

1. 均值或概率模型

为了在仿真环境中生成满足需要的数值羽流，首要的问题是采用合适的羽流模型。均值或者概率密度函数表示的羽流浓度分布是常用的羽流模型，如湍流介质环境中的扩散常表示为高斯分布[94-95]：

$$\overline{C}(x,y,z)=\frac{Q}{2\pi S_y S_z \overline{u}}\exp\left[-\left(\frac{y^2}{2S_y^2}+\frac{z^2}{2S_z^2}\right)\right] \tag{2.1}$$

式中，$\overline{C}(x,y,z)$ 表示化学物质的平均浓度分布，是位置 (x,y,z) 的函数，单位为 mol/m^3；x，y 和 z 分别表示在顺流方向、横流方向和垂直方向相对于源头位置的坐标，其中 x 的正方向沿着羽流的平均流向；S_y 和 S_z 分别为在横流方向和垂直方向的羽流平均浓度的标准差（它们是关于位置的函数）；Q 为化学物质释放量，单位为 mol/s；$\overline{u}$ 为平均流速，单位为 m/s。

高斯羽流浓度模型已被诸多不需要了解羽流浓度分布短时间尺度特征的应用所采用，如污染物羽流影响的长期评估等。然而，该类羽流模型并不能满足机器人化学羽流追踪研究的需要，因为在机器人化学羽流追踪研究中，羽流浓度分布的短时间尺度特征非常重要，机器人需要基于瞬时或者近于瞬时的化学羽流检测信息决定其追踪羽流的行为。因此，无法提供羽流浓度分布的短时间尺度特征信息、瞬时的浓度峰值和梯度,或者羽流的不连续性质等的均值或概率密度羽流模型,不适用于机器人化学羽流追踪策略的计算机仿真验证和性能分析。

2. 直接数值模拟方法

除了均值或概率模型,采用直接数值模拟(direct numeric simulation)方法求解流体和其输运的化学物质的控制方程可实现羽流的真实计算机仿真,如求解一般湍流场及其输运的被动标量(passive scalar)的基本方程[96]:

$$\frac{\partial u_i}{\partial t} + u_j \frac{\partial u_i}{\partial x_j} = -\frac{1}{\rho} \frac{\partial p}{\partial x_i} + \nu \frac{\partial^2 u_i}{\partial x_j x_j} + f_i \qquad (2.2)$$

$$\frac{\partial u_i}{\partial x_i} = 0 \qquad (2.3)$$

$$\frac{\partial C}{\partial t} + u_i \frac{\partial C}{\partial x_i} = \frac{\partial^2}{\partial x_j x_j}(K_{ij}C) \qquad (2.4)$$

式中,u_i 为流场的速度分量,单位为 m/s;ρ 为流体的密度,单位为 kg/m³;p 为流体压强,单位为 Pa;ν 为流体运动黏度,单位为 m²/s;f_i 为质量力强度,单位为 m/s²;C 为标量示踪物强度,单位为 kg/m³;K 为湍流扩散张量,单位为 m²/s。式(2.2)和式(2.3)为流场的控制方程——Navier-Stokes 方程,它们不受标量存在的影响,流场在给定的初始条件和边界条件下在方程的控制下发展。式(2.4)是被动标量输运的控制方程,给定流体流动速度场和标量场的初始条件和边界条件,求解式(2.4)可确定标量场。

然而,直接数值模拟方法的数值求解时空复杂度大,需要耗费大量的计算时间和资源,难以支撑对化学羽流追踪策略和算法进行实时仿真或对性能进行统计分析,如 Monte Carlo 仿真分析的研究需求。

因此,本章介绍一种针对羽流追踪计算机仿真研究需要所研发的湍流介质环境中的羽流扩散模型。通过该模型仿真的数值羽流体现了自然环境中化学湍羽流的特点,以及机器人化学羽流追踪问题的复杂性因素,包括输运羽流的流场非均匀、非定常,羽流示踪物质分布的不规则、不连续、尺度大的三维空间分布,羽流平均轴线弯曲且不与瞬时流向平行等,同时又具有较高的计算效率(基于该模型，可以在一台典型的台式计算机中在 24 h 以内完成对于 100 m×100 m 区域、10 000 次机器人羽流追踪和源头定位策略的仿真评估)。该模型可有效地支持机器人寻找化学羽流、追踪化学羽流和定位化学羽流源头的策略研发和计算机仿真分析研究。

2.2　羽　流　模　型

本节介绍的羽流模型，并不追求对自然环境中湍羽流的完全真实模拟，而是充分体现自然环境中湍羽流的基本特征，以及机器人追踪羽流问题的复杂性，且具有较高的计算效率，以满足对研发的化学羽流追踪策略和算法进行计算机仿真验证和性能分析的需要。因此，研发羽流模型时主要考虑以下几方面的因素：

① 针对机器人模仿生物行为追踪羽流的策略和算法研究，机器人感知到的羽流的精细结构非常重要。

② 大多数情况下，机器人所搭载的流体流动传感器不能分辨出关于流场的精细结构。因此，在仿真中对流体流动精细结构的精确仿真不是很重要。

③ 羽流必须具有间断的内部结构，即瞬时的羽流应该是非连续的。

④ 羽流的弯曲特性是机器人化学羽流追踪问题研究的重要复杂性因素，因此仿真生成的羽流必须具有弯曲的性质。

⑤ 由于羽流的运动是流场输运的结果，因此羽流的弯曲必须与输运羽流的流场相吻合。

⑥ 仿真必须能够生成瞬时的羽流，而不是时间平均的羽流。

⑦ 在化学羽流追踪过程中，机器人会基于感知到的瞬时化学羽流和流场的信息追踪羽流，因此机器人在执行化学羽流任务的过程中其位置会发生变化，且其追踪羽流运动的路径也是不可预测的。因此，计算机仿真必须能够计算出在任意时间 t 和位置 $x(t)$ 处的羽流的浓度值，即仿真计算的流场和羽流浓度是随时间和位置变化的函数。

⑧ 追踪化学羽流的机器人，通常是从下游向上游方向追踪化学羽流，而机器人主要对其位置下游的羽流和流场分布产生影响。因此，仿真中没有考虑化学羽

流追踪机器人对流场和羽流的影响，这样可以节省流场和羽流仿真的计算量，且对仿真结果的影响又不大。

下面对基于上述考虑研发的符合化学羽流输运扩散物理规律、充分体现化学羽流追踪策略和算法研究问题复杂性因素，同时相对于精确的湍流计算机仿真具有显著计算优势的羽流模型进行介绍。

2.2.1 模型概述

为了生成满足化学羽流追踪研究需要的体现真实化学羽流特点和机器人化学羽流追踪问题复杂性因素的仿真羽流，在模型中考虑了羽流的以下两个特征：

① 在固定空间位置检测的羽流具有间断的内部结构，即羽流具有不连续性。

② 从源头连续释放的化学物质形成的羽流，在随时间和空间变化的流场影响下，其轴线应该弯曲并且随时间和空间变化。同时，羽流的形状应该与输运羽流的流场时空变化相吻合。

为了实现第一个特征，将化学羽流用源头位置连续释放的一系列羽流微团来表示（每一个羽流微团又包括 n 个羽流粒子）。在从源头释放后，每一个羽流粒子的中心位置由其运动速度的积分来确定：

$$\boldsymbol{p}_i = \int \boldsymbol{v}(\boldsymbol{p}_i) \mathrm{d}t \tag{2.5}$$

式中， $\boldsymbol{p}_i$ 和 $\boldsymbol{v}(\boldsymbol{p}_i)$ 分别为第 i 个羽流粒子的三维空间位置和速度。

为了实现第二个特征，羽流模型中还包括一个输运羽流的流场模型。该模型生成输运粒子的连续且随位置和时间变化的动态流场。随时空变化的流场使在其输运下形成的羽流呈现出弯曲的形状。由于流场随时间和空间变化，因此在仿真计算边界内给定位置处的瞬时流向可能不指向源头位置，或者不与羽流的中心线方向相重合。

由源头释放的化学物质，在被流场输运的同时，还发生湍流扩散和分子扩散运动。在自然环境中，化学物质的扩散过程以湍流扩散为主。湍流扩散涉及一系列的长度尺度的涡。大于羽流微团尺度的涡，会将羽流微团作为整体来输运，导致从源头位置释放的羽流微团序列呈现出弯曲的形状。小于羽流微团尺度的涡，将混合羽流微团的组分，导致羽流微团小幅运动，或者使羽流微团的尺度有小幅增长；与羽流微团尺度相当的涡，将使羽流微团显著增长/变形，并使单个粒子相对于瞬时羽流中心线运动。

为了开发相应的羽流仿真模型，将羽流粒子的速度向量分解为三个分量：v_a、v_m 和 v_d，每一个速度分量分别由独立的过程来建模和计算。对羽流粒子的速度向量进行分解主要是考虑到羽流仿真的数值计算需要，同时也可对上述的不同尺度的涡对羽流输运和扩散的影响在理论上予以说明。

① 大尺度涡将羽流粒子作为整体来进行输运，将该输运对羽流粒子中心位置的影响建模为粒子的速度分量 v_a。在仿真中，v_a 被建模为连续且随时间和空间位置变化的函数，因此在仿真中通过 v_a 实现从源头位置释放的粒子序列在连续、随时间和空间变化的流场中形成自羽流源头出发的弯曲的羽流输运路径。

② 将介于中间尺度的涡对羽流内粒子扰动的影响建模为羽流粒子的速度分量 v_m，通过 v_m 实现羽流粒子被流场输运和自身尺度及形状变化之外的湍流随机运动，实现羽流粒子在羽流的内部的湍流随机运动。

③ 将流体流动过程的最小尺度的涡对羽流粒子增长的影响建模为羽流粒子的速度分量 v_d，在仿真中通过 v_d 实现粒子尺寸的增长和形状的变化。

因此，模型可以分解为如下两个过程：粒子的运动和粒子形状的变化。基于上述速度分解，将每一个羽流粒子的位置建模为：

$$\boldsymbol{p}_i = \int \boldsymbol{v}(\boldsymbol{p}_i)\mathrm{d}t = \int (\boldsymbol{v}_{ai} + \boldsymbol{v}_{mi})\mathrm{d}t \tag{2.6}$$

从物理上来说，羽流粒子的尺度增长和形状变化是一个主要受湍流扩散影响的复杂过程。对该复杂过程进行数值仿真，不但复杂性高，而且计算耗时。因此，针对化学羽流追踪研究应用，需对该过程的仿真做出一定的折中考虑，减少仿真实现的复杂性和耗时。在此所采用的方法是使用粒子的形状模板。随着仿真的进行，粒子的形状随时间而变，不仅增加尺度而且改变方向。粒子模板形状的选择对仿真结果的影响并不敏感，只要模板尺度随时间的增长在物理上是合理的即可。

下节对粒子的速度模型和粒子尺寸增长和形状变化模型进行介绍。

2.2.2　羽流粒子模型

1. 速度 v_a

首先介绍适合计算机仿真实现的 $v_a = f(\overline{u}, \overline{v}, \overline{w})$ 的模型。该模型主要是对流体流动方程的简化。

考虑到机器人主要在近乎固定的高度执行化学羽流追踪任务，因此模型假设在仿真计算区域中 $v_a = f(\overline{u}, \overline{v}, \overline{w})$ 独立于 z，即仿真计算在二维空间上实现（即 x 和 y）。此外，还假设相比于湍流力，作用于流体的其他力包括科氏力、分子黏性力等可以忽略，并假设时间平均压力项也可忽略不计，因此得到的时间平均的流体运动方程为：

$$\frac{\partial \overline{u}}{\partial t} = -\overline{u}\frac{\partial \overline{u}}{\partial x} - \overline{v}\frac{\partial \overline{u}}{\partial y} - \overline{w}\frac{\partial \overline{u}}{\partial z} - \frac{\partial \overline{u'u'}}{\partial x} - \frac{\partial \overline{u'v'}}{\partial y} - \frac{\partial \overline{u'w'}}{\partial z} \tag{2.7}$$

$$\frac{\partial \overline{v}}{\partial t} = -\overline{u}\frac{\partial \overline{v}}{\partial x} - \overline{v}\frac{\partial \overline{v}}{\partial y} - \overline{w}\frac{\partial \overline{v}}{\partial z} - \frac{\partial \overline{v'u'}}{\partial x} - \frac{\partial \overline{v'v'}}{\partial y} - \frac{\partial \overline{v'w'}}{\partial z} \tag{2.8}$$

连续性方程为：

$$0 = \frac{\partial \overline{u}}{\partial x} + \frac{\partial \overline{v}}{\partial y} + \frac{\partial \overline{w}}{\partial z} \tag{2.9}$$

式中，$u(t) = \overline{u}(t) + u'(t)$。

为了节省计算资源，采用 $K-\text{closure}$ 方法的简单形式对这些方程进行数值求解：

$$\overline{u'u'} = -K_x\frac{\partial \overline{u}}{\partial x}, \quad \overline{v'v'} = -K_y\frac{\partial \overline{v}}{\partial y} \tag{2.10}$$

$$\overline{u'w'} = -K_z\frac{\partial \overline{u}}{\partial z}, \quad \overline{v'w'} = -K_z\frac{\partial \overline{v}}{\partial z} \tag{2.11}$$

$$\overline{u'v'} = \overline{v'u'} = -\frac{1}{2}\left(K_x\frac{\partial \overline{v}}{\partial x} + K_y\frac{\partial \overline{u}}{\partial y}\right) \tag{2.12}$$

式中，K_x、K_y、K_z 为湍流系数，表示扩散。同时，假设在所考虑的仿真计算区域中，湍流是均匀和近似各向同性的，即：

$$K_x = K_y \tag{2.13}$$

$$0 = \frac{\partial K_x}{\partial x} = \frac{\partial K_y}{\partial y} = \frac{\partial K_z}{\partial z} \tag{2.14}$$

可以假设 K_x、K_y、K_z 为随位置变化的函数，但在本节所给出的仿真中，K_x、K_y、K_z 设置为常数。在这些假设下，流体的动力模型对于 u 方向近似为：

$$\frac{\partial \overline{u}}{\partial t} = -\overline{u}\frac{\partial \overline{u}}{\partial x} - \overline{v}\frac{\partial \overline{u}}{\partial y} - \overline{w}\frac{\partial \overline{u}}{\partial z} + K_x\frac{\partial^2 \overline{u}}{\partial x^2} + \frac{1}{2}K_y\frac{\partial}{\partial y}\left(\frac{\partial \overline{u}}{\partial y} + \frac{\partial \overline{v}}{\partial x}\right) + K_z\frac{\partial^2 \overline{u}}{\partial z^2}$$

$$= -\overline{u}\frac{\partial \overline{u}}{\partial x} - \overline{v}\frac{\partial \overline{u}}{\partial y} - \overline{w}\frac{\partial \overline{u}}{\partial z} + \frac{1}{2}K_x\frac{\partial^2 \overline{u}}{\partial x^2} + \frac{1}{2}K_y\frac{\partial^2 \overline{u}}{\partial y^2} + \frac{1}{2}K_x\left(\frac{\partial^2 \overline{u}}{\partial x^2} + \frac{\partial^2 \overline{v}}{\partial y\partial x}\right) + K_z\frac{\partial^2 \overline{u}}{\partial z^2}$$

$$= -\overline{u}\frac{\partial \overline{u}}{\partial x} - \overline{v}\frac{\partial \overline{u}}{\partial y} - \overline{w}\frac{\partial \overline{u}}{\partial z} + \frac{1}{2}K_x\frac{\partial^2 \overline{u}}{\partial x^2} + \frac{1}{2}K_y\frac{\partial^2 \overline{u}}{\partial y^2} + \frac{1}{2}K_x\frac{\partial}{\partial x}\left(\frac{\partial \overline{u}}{\partial x} + \frac{\partial \overline{v}}{\partial y}\right) + K_z\frac{\partial^2 \overline{u}}{\partial z^2}$$

$$= -\overline{u}\frac{\partial \overline{u}}{\partial x} - \overline{v}\frac{\partial \overline{u}}{\partial y} - \overline{w}\frac{\partial \overline{u}}{\partial z} + \frac{1}{2}K_x\frac{\partial^2 \overline{u}}{\partial x^2} + \frac{1}{2}K_y\frac{\partial^2 \overline{u}}{\partial y^2} - \frac{1}{2}K_x\frac{\partial}{\partial x}\left(\frac{\partial \overline{w}}{\partial z}\right) + K_z\frac{\partial^2 \overline{u}}{\partial z^2} \tag{2.15}$$

对于 v 的模型做类似的近似处理，并假设 $\boldsymbol{v}_a = (\overline{u}, \overline{v}, \overline{w})$ 独立于 z，则得到如下的简化的二维模型为：

$$\frac{\partial \overline{u}}{\partial t} = -\overline{u}\frac{\partial \overline{u}}{\partial x} - \overline{v}\frac{\partial \overline{u}}{\partial y} + \frac{1}{2}K_x\frac{\partial^2 \overline{u}}{\partial x^2} + \frac{1}{2}K_y\frac{\partial^2 \overline{u}}{\partial y^2} \tag{2.16}$$

$$\frac{\partial \overline{v}}{\partial t} = -\overline{u}\frac{\partial \overline{v}}{\partial x} - \overline{v}\frac{\partial \overline{v}}{\partial y} + \frac{1}{2}K_x\frac{\partial^2 \overline{v}}{\partial x^2} + \frac{1}{2}K_y\frac{\partial^2 \overline{v}}{\partial y^2} \tag{2.17}$$

通过设置初始条件和边界条件，可以采用有限差分等数值解法求解方程（2.16），获得在一个固定的区域内的一系列计算网格节点上的 $\boldsymbol{v}_a$。在非网格节点位置的 $\boldsymbol{v}_a$ 可以通过网格节点处的 $\boldsymbol{v}_a$ 插值来获得。

为了获得时空变化的 $\boldsymbol{v}_a$，以生成弯曲的羽流，为该模型设置时变的边界条件。首先设置计算区域的四个角点的 $\boldsymbol{v}_a$，然后利用线性插值方法来计算以两个角点为端点的边界上网格节点的 $\boldsymbol{v}_a$。每个角点的 $\boldsymbol{v}_a$ 设置为有色噪声过程，该有色噪声过程通过滤波单位高斯白噪声过程来实现。

通过该模型和设置时变的边界条件，则可生成符合物理特征的连续且随时间和空间变化的流场（不同的空间位置虽具有不同的 v_a 值，但临近位置处的 v_a 值具有一定的空间相关性）。该连续且随时空变化的流场，将输运从羽流源头位置释放的粒子，形成自源头出发的弯曲羽流。图 2.1 为一个仿真结果，其中仿真区域设置为 100 m×100 m，源头位置位于（5，0）m，箭头表示相应位置的流速和流向，边界条件设置为在平均流 [1，0] m/s 基础上加入一个有色噪声过程。

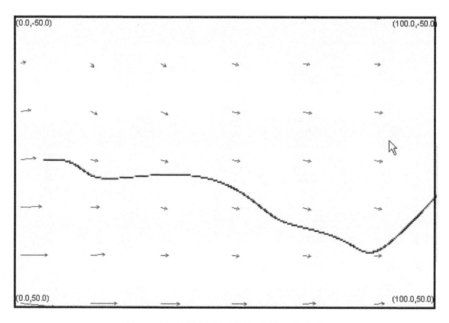

图 2.1　仅在流场输运作用下的羽流仿真

由于 v_a 的作用是将释放的粒子进行输运，因此在仿真中设定的离散网格计算节点之间的间距 Δ 应大于粒子的尺度。

2. 速度 v_m

v_m 为在 Δ 和粒子尺度之间的使羽流粒子在羽流中心线附近随机运动的模型。出于计算上的考虑，该尺度的流体流动未采用 2.2.1 节所述的模型和有限差分方法进行建模和求解，而是将每个粒子相对于羽流中心线的速度建模为如下状态空间模型所示的随机过程：

$$\dot{\boldsymbol{\omega}} = \boldsymbol{A}\boldsymbol{\omega} + \boldsymbol{B}\boldsymbol{\varphi} \tag{2.18}$$

$$\boldsymbol{v}_{mi} = \boldsymbol{C}\boldsymbol{\omega} + \boldsymbol{D}\boldsymbol{\varphi} \tag{2.19}$$

式中，$\boldsymbol{\omega} \in \mathbf{R}^n$；$\boldsymbol{A}$、$\boldsymbol{B}$、$\boldsymbol{C}$、$\boldsymbol{D}$ 是为相应维度的矩阵；$\boldsymbol{\varphi}$ 为功率谱密度为 σ_φ^2 的白噪声过程。从 $\boldsymbol{\varphi}$ 到 $\boldsymbol{v}_{mi}$ 的传递函数为：

$$\frac{\boldsymbol{v}_{mi}}{\boldsymbol{\varphi}} = H(s) = \boldsymbol{C}\,(s\boldsymbol{I} - \boldsymbol{A})^{-1}\boldsymbol{B} + \boldsymbol{D} \tag{2.20}$$

式中，s 为拉普拉斯变量。因此，$\boldsymbol{v}_{mi}$ 为具有如下谱密度的噪声过程：

$$\mathrm{PSD}_{v_m}(s) = H^*(s)H(s)\sigma_\varphi^2 \tag{2.21}$$

式中，$H^*(s)$ 是 $H(s)$ 的复共轭转置。

图 2.2 为粒子在平均流场 $\boldsymbol{v}_a = [1,0,0]\,\mathrm{m/s}$ 输运和粒子随机运动作用下的计算机仿真结果。该仿真中，$\boldsymbol{v}_{mi}$（也即相对于羽流轴线的扩散）是一个白噪声过程，其谱密度为 $\sigma_\varphi = 2\dfrac{\mathrm{m/s}}{\sqrt{\mathrm{Hz}}}$。由于是均匀流场，该仿真生成的羽流的中心线为直线。

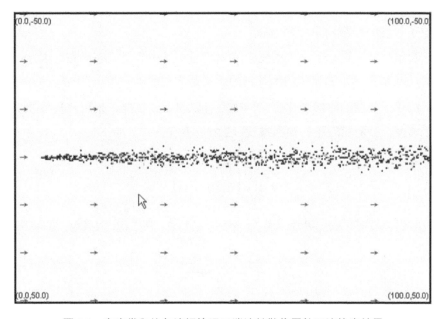

图 2.2 在定常和均匀流场输运及湍流扩散作用的羽流仿真结果

3. 粒子模型和增长

如图 2.2 所示，羽流由大量的粒子表示。$\boldsymbol{v}_{mi}$ 和 $\boldsymbol{v}_a$ 之和为粒子在仿真区域中运动的速度。给定大量数目的粒子，在 $\boldsymbol{x}=(x,y,z)$ 位置处的羽流示踪物质瞬时浓度即由所有粒子中每个粒子在该位置的浓度贡献求和得到：

$$C(\boldsymbol{x},t)=\sum_{i=1}^{N}C_i(\boldsymbol{x},t) \tag{2.22}$$

其中，N 为当前仿真中的粒子数量。通过该模型，可以实现在任意位置和任意时间的羽流示踪物的瞬时浓度计算，浓度的单位为 mol/cm³。

在位置 $\boldsymbol{x}$，第 i 个羽流粒子的浓度建模为：

$$C_i(\boldsymbol{x},t)=\frac{Q}{\sqrt{8\pi^3 R_i^3(t)}}\exp\left(\frac{-r_i^2(t)}{R_i^2(t)}\right) \tag{2.23}$$

$$r_i(t)=\|\boldsymbol{x}-\boldsymbol{p}_i(t)\| \tag{2.24}$$

式中，Q 表示每个羽流粒子中所含有的羽流示踪物质，单位为 mol/s；R_i 是一个控制粒子尺度的参数，单位为 cm。

该表示中，假设粒子包含的化学物质相对于其中心呈正态分布。因此，随着粒子的尺度 R_i 变化，羽流化的示踪物的质量是守恒的。

羽流粒子尺度的时间变化有多种模型可以表示。在此，采用两种模型，对于第一个模型，令羽流粒子的半径按式（2.25）变化：

$$R(t)=\left(R^{\frac{2}{3}}(0)+\gamma t\right)^{\frac{3}{2}} \tag{2.25}$$

式中，$R(0)$ 为 0 时刻的羽流粒子半径，γ 为待定参数。则第 i 个羽流粒子的增长率为：

$$\frac{\mathrm{d}R}{\mathrm{d}t}=\frac{3}{2}\gamma R^{\frac{1}{3}} \tag{2.26}$$

第二个模型，令羽流粒子的增长为：

$$R(t) = (R^2(0) + \gamma t)^{\frac{1}{2}} \tag{2.27}$$

则羽流粒子的增长率为：

$$\frac{\mathrm{d}R}{\mathrm{d}t} = \frac{\gamma}{2R} \tag{2.28}$$

图 2.3 为在时空变化流场输运、粒子围绕轴线做随机运动，并且粒子尺度增长的一个仿真结果。该仿真中，$\overline{Q} = 8.3 \times 10^9\,\mathrm{mol/s}$，对应于雌性飞蛾信息素羽流的释放率。参数 $Q = \dfrac{\overline{Q}}{n}$，其中 n 是粒子的释放速率，单位为"个/s"（羽流粒子的释放速率是一个用户自定义的参数），该仿真中粒子的释放速率为每秒 10 个。该仿真采用的是第二个羽流粒子的增长模型，其参数设置为 $\gamma = 0.001\,\mathrm{m^2/s}$，$R^2(0) = 0.001\,\mathrm{m^2}$。

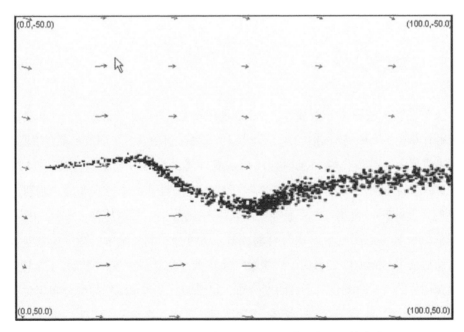

图 2.3　存在时空变化流场输运及湍流扩散作用的羽流仿真结果

该处表示的羽流模型是一个通用的羽流模型，可以通过调节其参数以满足一系列的应用。对于本节给出的仿真，参数调节为相应于由雄性飞蛾感知到的雌性飞蛾信息素羽流。关于上述羽流模型性能的详细论述参见文献［71］。

4. 传感器模型

针对机器人化学羽流追踪研究，在此介绍一种传感器模型。

机器人通过传感器感知到的羽流浓度建模为低通滤波器和阈值，由瞬时的浓度计算得到：

$$\frac{\mathrm{d}c(t)}{\mathrm{d}t} = -\alpha c(t) + \alpha C(\boldsymbol{x}_s(t)) \tag{2.29}$$

$$y(t) = \begin{cases} c(t) & c(t) > \tau \\ 0 & \text{其他} \end{cases} \tag{2.30}$$

式中，α 为滤波器的带宽；τ 为传感器的阈值；$c(t)$ 为滤波器的内部状态；$\boldsymbol{x}_s(t)$ 为传感器的位置。滤波器的输入为传感器位置 $\boldsymbol{x}_s(t)$ 处的羽流示踪物瞬时浓度，滤波器的输出为 $y(t)$。

2.2.3　模型实现

文献［97］利用 C++语言实现了上述羽流模型，并基于此开发了一个机器人羽流追踪计算机仿真环境，如图 2.4 所示。该仿真环境可仿真多个羽流和多台机器人，支持多机器人追踪多化学羽流研究。该仿真环境的详细介绍参考文献［97］。

如图 2.4 所示，在屏幕上绘制点粒子代表羽流粒子，难以直观地显示羽流示踪物的强度分布。因此，为了获得更好的可视化效果，文献［98］采用如图 2.5 所示的颜色和不透明度分布均符合羽流粒子浓度分布的二维单色图片代表羽流粒子，然后利用 OpenGL 的材质映射函数[99]将该图片映射到相应的羽流粒子位置上，并设置图片的尺度和颜色、不透明度分布、粒子的尺度和示踪物强度分布相对应；同时，为了获得羽流粒子叠加的结果，设置羽流粒子在二维水平面运动，关闭 OpenGL 的深度测试功能，开启颜色混合功能，并将该显示区域背景色设置为纯黑色，设置 OpenGL 混合函数为 glBlendFunc(GL ONE; GL ONE)，得到如图 2.5 所示的可视化效果更好的二维水平面分布羽流（计算机屏幕显示背景为黑色背景，为了本书能够有较好的印刷效果，在此将其更改为白色）。颜色的深浅代表羽流示踪物强度的大小，因此在仿真过程中可以直观地观察到羽流示踪物强度的时空分布。

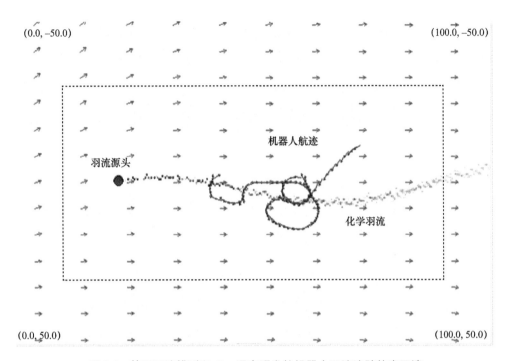

图 2.4　基于羽流模型和 C++语言研发的机器人羽流追踪仿真环境

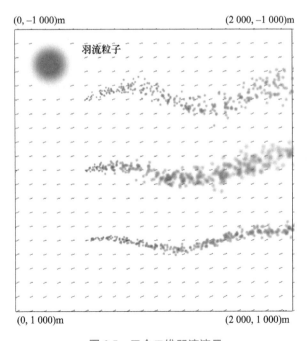

图 2.5　三个二维羽流演示

由于采用 OpenGL 混合函数完成粒子图片颜色和不透明度的叠加，即示踪物强度计算，因此可以直接采用 OpenGL 函数 glReadPixels 读取屏幕的颜色或不透明度作为羽流的示踪物强度值。图 2.6 为图 2.5 的中间羽流在均匀流场下的扩散结果，以及通过读取屏幕的不透明度得到的其轴线处的示踪物强度分布，轴线上的深色表示该位置示踪物强度大于设置的检测阈值 0.1。

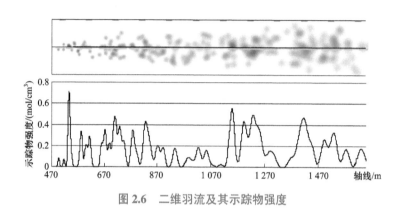

图 2.6 二维羽流及其示踪物强度

机器人在二维水平面追踪羽流是一个非常重要的工作，也是研究的重点。因此在仿真环境中也采用这种可视化效果更好的二维羽流，以利于更好地进行机器人追踪羽流的控制策略研究。如图 2.5 所示，由于采用图片表示羽流粒子，所以仅使用较少数量的羽流粒子就具有较好的仿真效果，而且仿真环境中采用以下链表数据结构存储和处理羽流粒子数据：

```
struct PlumeParticle
{   float x, y, z;      //粒子的位置
    float u, v, w;      //粒子的速度
    float wm;           //粒子的平均垂向速度
    float l;            //粒子的尺度
    float t;            //粒子的生成时间
    PlumeParticle * next;
}
```

可以看出，较少的粒子也相应地降低了仿真计算的时空复杂度，有利于 Monte Carlo 仿真分析的进行。此外，直观地观察羽流示踪物强度的时空分布结果也有利于仿真环境中羽流和流场参数的设计和调节。

2.3　AUV 化学羽流追踪仿真环境

由于在真实海洋环境中进行 AUV 追踪羽流的实验复杂度和成本均较高，所以 AUV 追踪羽流的策略和算法研究、开发，必然需要借助于计算机仿真。因此，计算机仿真研究环境是开展 AUV 羽流追踪策略和算法研究的重要工具。本节介绍针对 AUV 羽流追踪研究需要而研发的 AUV 羽流追踪计算机仿真环境。

2.3.1　体系结构

为了便于研发和进行功能扩展，仿真环境采用模块化的体系结构，各基本模块及模块之间的关系如图 2.7 所示。

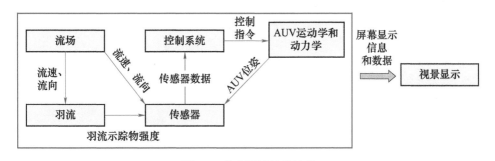

图 2.7　仿真环境体系结构

流场模块和羽流模块分别仿真环境流场和羽流；传感器模块仿真 AUV 搭载的探测传感器（目前主要考虑对 AUV 搭载的流速、流向和羽流示踪物强度传感器进行仿真，并采用一阶系统模型近似，以及将传感器噪声近似为高斯白噪声）；控制系统模块仿真采用一种基于行为的 AUV 控制系统[100]；在 AUV 运动学和动力学模块中，采用四阶龙格–库塔法求解 AUV 六自由度空间运动的一般方程，实现对 AUV 运动学和动力学的仿真；在视景显示模块中，为了获得较好的屏幕显示速度和显示效果，采用 OpenGL 函数在屏幕上绘制和显示流场、羽流、AUV 航迹及传感器读数等信息。

在每一个仿真时间步，首先海洋流场模块运行，并将仿真流速和流向信息提供给羽流模块，然后羽流模块利用该信息计算仿真羽流的扩散和分布；之后传感器模块根据当前 AUV 的位置和流场、羽流的分布，计算 AUV 检测到的流速、流向和羽流示踪物强度数据并将其提供给控制系统模块；控制系统根据感知信息和相应的算法计算 AUV 执行机构的控制指令，输出给 AUV 运动学和动力学模块；AUV 运动学和动力学模块基于输入的控制指令计算新的 AUV 位姿并将信息提供给传感器模块以更新 AUV 的位姿数据；最后视景显示模块读取其他模块数据并将所需信息显示在计算机屏幕上。

2.3.2 仿真模型

本节介绍该仿真环境中 AUV 运动学和动力学、流场和羽流模块分别实现的具体模型：

1. AUV 运动学和动力学模块

AUV 运动学和动力学模块，通过求解 AUV 六自由度非线性动力学方程来实现 AUV 的运动学和动力学仿真：

$$M\dot{v} = F \tag{2.31}$$

式中，M 为 AUV 的广义质量矩阵；$v = [u, v, w, p, q, r]^{\mathrm{T}}$ 和 $F = [X, Y, Z, K, M, N]^{\mathrm{T}}$ 为 AUV 在载体坐标系下的速度向量和广义力向量。F 可以表示为如下各种分量的合成：

$$F = F_{\mathrm{C}} + F_{\mathrm{G}} + F_{\mathrm{I}} + F_{\mathrm{V}} + F_{\mathrm{RS}} + F_{\mathrm{T}} + F_{\mathrm{O}} \tag{2.32}$$

式中，F_{C} 为科氏力和向心力；F_{G} 为重力和浮力等水静力；F_{I} 为 AUV 受到的惯

性水动力，可以表示为 $\boldsymbol{F}_\mathrm{I} = -\boldsymbol{M}_\mathrm{I}\dot{\boldsymbol{v}}$，其中 $\boldsymbol{M}_\mathrm{I}$ 为 AUV 的附加质量矩阵；$\boldsymbol{F}_\mathrm{V}$ 为 AUV 受到的黏性水动力；$\boldsymbol{F}_\mathrm{RS}$ 为由 AUV 的控制面如舵、翼等产生的控制力；$\boldsymbol{F}_\mathrm{T}$ 为推进器产生的推力；$\boldsymbol{F}_\mathrm{O}$ 为如浪、流等产生的环境的扰动力。

因此，方程（2.31）可以表示为：

$$(\boldsymbol{M} + \boldsymbol{M}_\mathrm{I})\dot{\boldsymbol{v}} = \boldsymbol{F}_\mathrm{C} + \boldsymbol{F}_\mathrm{G} + \boldsymbol{F}_\mathrm{V} + \boldsymbol{F}_\mathrm{RS} + \boldsymbol{F}_\mathrm{T} + \boldsymbol{F}_\mathrm{O} \tag{2.33}$$

AUV 在大地坐标系下的速度向量 $\dot{\boldsymbol{\eta}} = [\dot{\xi}, \dot{\eta}, \dot{\zeta}, \dot{\varphi}, \dot{\theta}, \dot{\psi}]^\mathrm{T}$ 可以表示为：

$$\boldsymbol{\eta} = \boldsymbol{R}\boldsymbol{v} \tag{2.34}$$

式中，$\boldsymbol{\eta}$ 为 AUV 在大地坐标系下的位姿向量；$\boldsymbol{R}$ 为由欧拉角定义的旋转变换矩阵。关于变量的定义和详细说明请参考文献 [101]。

在仿真环境中，采用四阶龙格 – 库塔（Runge-Kutta）法求解方程（2.33）和（2.34），得到 AUV 的位姿和速度。

2. 流场

流场仿真即计算输运粒子的速度 $(\bar{u}_a, \bar{v}_a, \bar{w}_a)$。由于在海洋环境中，海流方向主要为水平方向，因此在仿真环境中将流场近似为二维水平面流，即 $\bar{w}_a = 0$，则基于 2.2 节的介绍，采用的流场控制方程为：

$$\frac{\partial \bar{u}_a}{\partial t} + \bar{u}_a \frac{\partial \bar{u}_a}{\partial x} + \bar{v}_a \frac{\partial \bar{u}_a}{\partial y} = \frac{1}{2} K_x \frac{\partial^2 \bar{u}_a}{\partial x^2} + \frac{1}{2} K_y \frac{\partial^2 \bar{u}_a}{\partial y^2} \tag{2.35}$$

$$\frac{\partial \bar{v}_a}{\partial t} + \bar{u}_a \frac{\partial \bar{v}_a}{\partial x} + \bar{v}_a \frac{\partial \bar{v}_a}{\partial y} = \frac{1}{2} K_x \frac{\partial^2 \bar{v}_a}{\partial x^2} + \frac{1}{2} K_y \frac{\partial^2 \bar{v}_a}{\partial y^2} \tag{2.36}$$

在仿真环境中，在流场模块中采用有限差分方法求解方程（2.35）和（2.36）来得到计算网格节点处的 $(\bar{u}_a, \bar{v}_a)$ 值，在网格节点之间的 $(\bar{u}_a, \bar{v}_a)$ 值采用双线性插值计算获得：

$$\begin{aligned} \bar{u}_a(x,y) = {} & \bar{u}_{a1} + (\bar{u}_{a2} - \bar{u}_{a1})\frac{y}{\Delta y} + (\bar{u}_{a4} - \bar{u}_{a1})\frac{x}{\Delta x} \\ & + (\bar{u}_{a1} - \bar{u}_{a2} + \bar{u}_{a3} - \bar{u}_{a4})\frac{x}{\Delta x}\frac{y}{\Delta y} \end{aligned} \tag{2.37}$$

式中，$\bar{u}_{ai}$（$i = 1, 2, 3, 4$）为与插值计算点最为临近的 4 个网格节点处的值；(x, y) 为到第一个节点的距离；Δx 和 Δy 为网格节点的尺度。图 2.8 为双线性插值示意图。

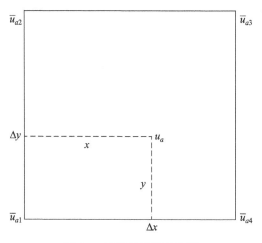

图 2.8 双线性插值示意图

为了得到非均匀、非定常的流场，并同时考虑到仿真环境要满足对 AUV 羽流追踪策略和算法进行 Monte Carlo 仿真分析的研究需要，在仿真环境中对流场设置时变的边界条件。

3. 羽流

羽流模块在源头生成羽流粒子，并基于粒子的运动模型计算粒子的运动，然后基于粒子的时空分布和其示踪物分布模型，计算羽流示踪物的时空分布。

为了得到分布更为不规则、不连续和随机的羽流示踪物时空分布，在每一个仿真时间步，如果 $[R]_0^1 < \varepsilon$（$[R]_0^1$ 为采用线性同余方法产生的在 [0, 1] 内均匀分布的伪随机数：$[R]_{0\,j+1}^1 = (a\,[R]_{0\,j}^1 + c)\,(\mathrm{mod}\,M)$，其中 a、c 和 M 为选取的整数），则释放 $n \geqslant 1$ 个粒子，其中 $0 < \varepsilon \leqslant 1$ 为调节粒子释放概率的参数。释放的粒子初始位置 (x_0, y_0, z_0) 为位于羽流源头之内的随机位置：

$$x_0 = x_s + R\cos\varphi \tag{2.38}$$

$$y_0 = y_s + R\sin\varphi \tag{2.39}$$

$$z_0 = z_s \tag{2.40}$$

式中，(x_s, y_s, z_s) 为羽流源头中心位置；$R = R_s \times [R]_0^1$；$\varphi = 2\pi \times [R]_0^1$；$R_s$ 为源头半径。

考虑到海洋环境中如深海热液羽流从热液喷口喷发出来之后在浮力和初始动量作用下的垂向运动，在 2.2 节所述的羽流模型的基础上，仿真环境中增加了羽流的垂向运动速度 $\bar{w}_b$，则在仿真中羽流源头生成的每个粒子采用如下的运动模型：

$$x_k = x_{k-1} + (\bar{u}_a + u_m)\Delta t \tag{2.41}$$

$$y_k = y_{k-1} + (\bar{v}_a + v_m)\Delta t \tag{2.42}$$

$$z_k = z_{k-1} + (\bar{w}_b + w_m)\Delta t \tag{2.43}$$

式中，(x_k, y_k, z_k) 和 $(x_{k-1}, y_{k-1}, z_{k-1})$ 分别为每一个粒子在 t_k 和 t_{k-1} 时刻的位置；$\Delta t = t_k - t_{k-1}$ 为仿真计算的时间步长；$(\bar{u}_a, \bar{v}_a)$ 为流场模块中计算输出的输运羽流粒子的海流水平速度；(u_m, v_m, w_m) 为羽流粒子运动的湍流随机运动速度。

对于上式中粒子的垂向运动速度 $\bar{w}_b$，应用羽流上升模型来计算，采用如下的羽流轴线随时间上升的高度模型[102]：

$$H(\bar{u}_f, F, s, t) = 2.6\left(\frac{Ft^2}{\bar{u}_f}\right)^{1/3}(t^2 s + 4.3)^{-1/3} \tag{2.44}$$

式中，$\bar{u}_f = \sqrt{\bar{u}_a^2 + \bar{v}_a^2}$ 为平均水平流速；t 为羽流粒子释放时间；F 为浮力通量参数；s 为稳定度参数；F 和 s 的算式如下：

$$F = gw_0 r^2 \frac{\rho_0 - \rho_a}{\rho_0} \tag{2.45}$$

$$s = \frac{g}{\rho_a} \frac{\partial \rho_a}{\partial z} \tag{2.46}$$

式中，g 为重力加速度；w_0 为羽流初始喷溢速度；r 为羽流源头半径；ρ_a 和 ρ_0 分别为环境流体和初始释放的羽流示踪物密度。则每一时间步的 $\bar{w}_b(t)$ 由下式计算：

$$\bar{w}_b(t) = \frac{H(\bar{u}, F, s, t + \Delta t) - H(\bar{u}, F, s, t)}{\Delta t} \tag{2.47}$$

2.3.3　仿真环境演示

采用 C++编程语言开发该仿真环境。图 2.9 为仿真环境屏幕显示，窗口右部显示 AUV 当前的运动状态、探测传感器读数，窗口中心部分实时显示流场、羽流源头、羽流、AUV 航迹（航迹上的加粗位置表示在该位置 AUV 检测到羽流）。

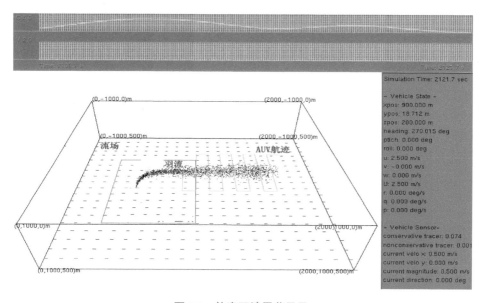

图 2.9　仿真环境屏幕显示

由于在仿真研究中将 AUV 的控制周期和探测传感器采样周期都设置为 0.1 s，所以将仿真计算中的时间步长 $\Delta t = t_k - t_{k-1}$ 设置为 0.1 s；同时，为了进行实时仿真，将仿真环境计算执行周期和屏幕显示周期 Δt_c 也均设置为 0.1 s。根据研究需要，Δt 和 Δt_c 均可相应修改，如对研究的算法进行 Monte Carlo 仿真研究，可以关闭屏幕显示并减小 Δt_c 以提高计算速度。

在该仿真环境中，设置流场的计算区域为 2 000 m×2 000 m，计算网格间距为 100 m，湍流系数 $K_x = K_y$ 为 500 m²/s，流场的初始速度 $(\bar{u}_a(0), \bar{v}_a(0))$ 为 (0.5, 0) m/s。图 2.9 中显示的羽流为在均匀流场作用下的结果。羽流上升高度模型参数 $F = 30$ m⁴/s³、$s = 0.000\ 1$ s⁻²。羽流源头位置 $(x_s, y_s, z_s) = (500, 0, 500)$ m，羽流源头

直径 $R_s = 1$ m，每一个时间步粒子的释放数量 $n = 1$，释放概率参数 $\varepsilon = 0.1$。

为了得到如图 2.9 所示的羽流示踪物分布，控制 AUV 执行常规的梳形探测作业任务探测该羽流，并在该作业任务开始后即设置羽流和流场均不随时间演化而保持图 2.9 所示不变。该任务中，AUV 平均航速为 2.5 m/s，航行深度为 280 m，第一条测线起点和终点分别为（600，−300）m 和（1 600，300）m，最后一条测线起点和终点分别为（500，300）m 和（500，−300）m，测线间距为 100 m，任务执行时间为 3 374 s，图 2.9 显示的是任务执行到 2 121.7 s 时的屏幕显示。

图 2.10 上图和下图分别为 AUV 在该任务中[0, 2 000] s 和[1 200, 1 800] s 期间检测到的示踪物强度随时间变化曲线，从中可以看出仿真羽流分布具有不规则性和不连续性。

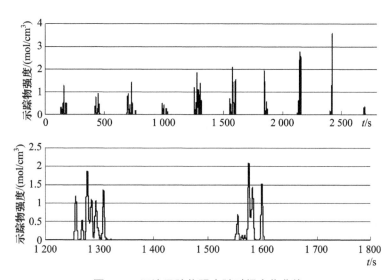

图 2.10　羽流示踪物强度随时间变化曲线

图 2.11 为羽流的浮力上升部分局部放大图（其中羽流轴线上的加粗点表示该位置羽流示踪物强度大于检测阈值），羽流上升高度约 200 m。因此，基于该仿真环境在 AUV 二维水平面羽流追踪研究的基础上，可开展 AUV 在三维空间中追踪浮力羽流的策略与算法研究。

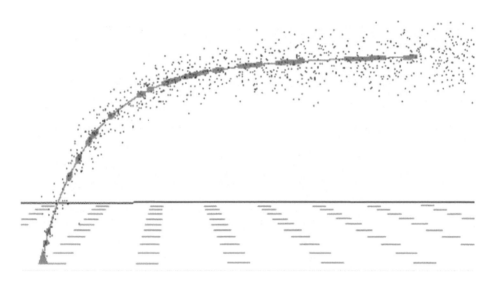

图 2.11　羽流上升部分局部放大图

　　在本书介绍的飞蛾行为仿生的羽流追踪策略和算法研究中，将羽流示踪物检测作为二值逻辑。因此，在仿真环境中，将羽流示踪物探测传感器视为二值逻辑传感器，并设置一个检测阈值 σ。在实际应用中，该阈值的选取主要是考虑滤除传感器数据噪声。而在仿真中，σ 不仅用于滤除仿真传感器数据噪声，而且还是调节仿真羽流不连续特性的一个重要参数；即对于同一个仿真羽流，σ 值越高，则 AUV 检测到的羽流不连续性就越强。在本节的演示中，在 AUV 航迹上检测到的羽流位置即为示踪物强度值大于设定检测阈值的位置。

　　在本章介绍的仿真环境中，没有考虑仿真区域中存在障碍物的情况。在仿真环境的后续开发中，会在现有基础上加入障碍物仿真模块，以利于引入对具有 AUV 避碰能力的羽流进行追踪的策略和算法的研究和开发。

第 3 章

飞蛾行为仿生的化学羽流追踪策略

3.1　概　　述

自然界中的生物，如鲑鱼、海鸟、飞蛾、龙虾、螃蟹等，经过长期的进化，在洄游、觅食、寻求配偶等过程中，具有强大的利用嗅觉感知信息追踪长距离化学羽流的能力[103-106]。其中，雄性飞蛾在复杂自然环境中追踪雌性飞蛾释放的信息素羽流（pheromone plume）是一个典型的代表性例子。

通过观测发现，飞蛾在搜索羽流和追踪羽流的过程中，主要表现出如下行为：

① 检测到羽流时，飞蛾主要采用逆风的"之"字形运动追踪羽流。

② 当飞蛾在追踪羽流的过程中，若一段时间没有检测到羽流后（飞蛾在羽流中逆风飞行时，有两个主要因素导致其与羽流失去接触：① 羽流的内部结构是非连续的，即在某些位置不存在羽流或者羽流的浓度低于飞蛾的感知阈值；② 在复杂自然环境时空变化流场输运作用下，羽流中心线非直线，而是会发生弯曲，因而逆风运动可能导致飞蛾离开羽流），则飞蛾将停止逆风运动并采用垂直于风向的运动在最近检测到羽流的位置搜索以重新找到丢失的羽流。

③ 当飞蛾执行该搜索一定时间而没有检测到羽流后，则飞蛾重新利用大范围的搜索行为重新寻找羽流。

本章中，将上述三种类型的行为称为 Maintain-Plume（羽流保持）、Reacquire-Plume（羽流重新获取）和 Find-Plume（羽流寻找）。

关于飞蛾追踪羽流的行为已有很多研究。虽然对飞蛾嗅觉感知和基于嗅觉感知的导航机理仍缺乏充分的了解，但观测到的其羽流追踪行为，仍可以作为设计机器人搜索羽流和追踪羽流的行为和算法的依据。国际上针对机器人模仿飞蛾行为追踪羽流的策略和算法开展了较多的研究工作[50]，但主要以小尺度区域的羽流追踪过程为研究对象。本章介绍一种受飞蛾羽流追踪行为启发设计的一种机器人追踪化学羽流的策略，该策略重点考虑机器人对复杂自然环境中不连续、弯曲羽流的长距离追踪，并重点对策略中最主要的影响羽流追踪性能的 Maintain-Plume 行为进行分析。

本章所用符号汇总于表 3.1 中。

表 3.1　本章符号汇总

参数	单位	解　释
$(\underline{x}, \overline{x})$	m	羽流追踪任务区域 x 坐标的最小值和最大值
$(\underline{y}, \overline{y})$	m	羽流追踪任务区域 y 坐标的最小值和最大值
$x_s(x, y)$	m	机器人位置坐标
$\psi_v(t)$	(°)	t 时刻机器人的航向
$\psi_w(t)$	(°)	t 时刻机器人所处位置的流向
$\psi_u(t)$	(°)	流体流动的瞬时方向加 180°（即逆流方向）
$\psi_r(t)$	(°)	$\psi_w(t) - \psi_v(t)$
β	(°)	Maintain-Plume 行为中，机器人相对于 $\psi_u(t)$ 运动的角度
γ	(°)	Reacquire-Plume 行为中，机器人相对于 $\psi_u(t)$ 运动的角度
T_F	s	机器人首次检测到羽流的时间
T_M	s	机器人与羽流保持接触的时间
T_R	s	机器人在追踪羽流丢失之后再次检测到羽流的时间
T_W	s	机器人从最后一次检测到羽流到开始 Find-Plume 行为的时间
λ	s	机器人从最后一次检测到羽流到开始 Reacquire-Plume 行为的时间
$c(t)$		t 时刻机器人检测的羽流浓度
τ		机器人传感器检测羽流浓度的阈值
Φ	(°)	随机变量
σ	(°)	随机变量标准差

3.2　计算机仿真环境

本章主要利用第 2 章介绍的羽流模型和基于该模型研发的计算机仿真环境，对设计的羽流追踪策略及其参数进行仿真分析和评估。

图 3.1 为计算机仿真环境。在该仿真环境中，仿真计算区域设置为 100 m×100 m，羽流源头位于（20，0）m，平均流速设置为 1 m/s，平均流向设置为水平向右，仿真计算的时间步长设置为 0.01 s。

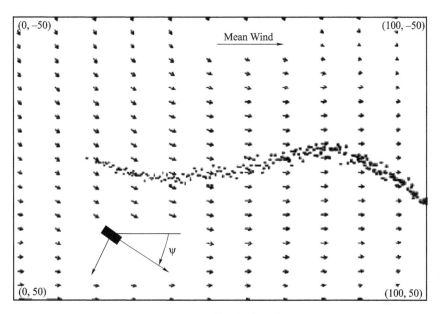

图 3.1　计算机仿真环境

在图 3.1 中，仿真的羽流体现出了复杂自然环境中羽流的弯曲特性。如第 2 章所述，通过设置不同的边界条件，可以得到弯曲程度不同的羽流。本章采用第 2 章所述的两种边界条件设置，分别生成弯曲程度相对较大和弯曲程度相对较小的羽流。对于弯曲程度较大的羽流，羽流在 x=100 m 处的瞬时中心线与 x 轴的偏移距离通常小于 25 m；对于弯曲程度较小的羽流，羽流在 x=100 m 处的瞬时中心线与 x 轴的偏移距离通常小于 10 m。对于生成的弯曲程度小的羽流，机器人更容易对其进行追踪。

采用第 2 章所述的传感器模型计算机器人检测到的羽流浓度：

$$\frac{\mathrm{d}\rho(t)}{\mathrm{d}t} = -\alpha\rho(t) + \alpha C(x_s(t)) \tag{3.1}$$

$$c(t) = \begin{cases} \rho(t) & \rho(t) > \tau \\ 0 & \text{其他} \end{cases} \qquad (3.2)$$

对于本章的仿真分析，传感器检测阈值 τ 设置为 0.01。在本章以下的说明中，机器人检测到羽流指机器人的传感器检测到的羽流浓度大于传感器的检测阈值。

3.3　飞蛾行为仿生羽流追踪策略

受飞蛾追踪羽流的行为启发，将机器人在如图 3.1 所示的矩形区域中执行追踪羽流的任务分解为 4 个行为：Find-Plume、Maintain-Plume、Reacquire-Plume 和 Declare-Source。

机器人首先利用 Find-Plume 行为在搜索区域中搜索羽流；当机器人检测到羽流后，则转换到 Maintain-Plume 行为，模仿飞蛾逆风追踪羽流运动对羽流进行追踪；在追踪羽流的过程中，若追踪羽流丢失，则机器人转换到 Reacquire-Plume 行为在追踪羽流丢失的位置附近搜索羽流，若搜索到羽流，则机器人继续执行 Maintain-Plume 行为，若没有搜索到羽流，则转换到 Find-Plume 行为在设定的搜索区域中寻找羽流；Declare-Source 行为判断机器人是否找到羽流源头，并对源头的位置进行估计。

本节对计算机仿真中采用的 Find-Plume 行为和 Declare-Source 行为进行介绍，Maintain-Plume 和 Reacquire-Plume 行为设计和性能分析将在 3.4 节和 3.5 节详细介绍。

1. Find-Plume 行为

在任务开始时刻，机器人位于搜索区域内的 (x_0, y_0) 位置。机器人执行羽流追踪任务的第一个目标是通过 Find-Plume 行为在搜索区域中寻找羽流。由于机器人没有关于搜索区域内源头位置的先验信息，因此，寻找羽流是一个无信息搜索问题。

本章针对机器人在如图 3.1 所示的矩形搜索区域内的羽流搜索设计 Find-Plume 行为，实现机器人在矩形搜索区域中以"之"字形的运动路径覆盖搜索区域，该矩形区域的 4 个角点的坐标分别为 $(\underline{x}, \underline{y})$、$(\underline{x}, \overline{y})$、$(\overline{x}, \underline{y})$、$(\overline{x}, \overline{y})$。

在机器人开始执行 Find-Plume 时，机器人航向设计为：

$$\psi_v(t) = \psi_w(t) + \theta_0 \mathrm{sign}\left((\underline{y} + \overline{y}) / 2 - y_0\right) \tag{3.3}$$

式中，θ_0 初始化为 $70°$，$\psi_w(t)$ 为流体流动的方向。机器人按照该航向航行，若在航行过程中，机器人检测到羽流，则机器人转换到 Maintain-Plume 行为追踪羽流。若机器人没有检测到羽流，则机器人会运动至搜索区域的边界。如果遇到 y 边界（即 $x \in [\underline{x}, \overline{x}]$ 和 $y \notin [\underline{y}, \overline{y}]$），则机器人航向设计为：

$$\psi_v(t) = \psi_w(t) + \theta_{i+1} \tag{3.4}$$

式中，$\theta_{i+1} = -\theta_i$（机器人在遇到 y 边界后 i 增加 1），即机器人向相反的方向运动。

如果遇到 x 边界（即 $x \notin [\underline{x}, \overline{x}]$ 和 $y \in [\underline{y}, \overline{y}]$），则机器人航向设计为：

$$\psi_v(t) = \psi_w(t) + \theta_{i+1} \tag{3.5}$$

式中：

$$\theta_{i+1} = 70\mathrm{sign}(\theta_i) \qquad \text{if } x < \underline{x} \tag{3.6}$$

$$\theta_{i+1} = 110\mathrm{sign}(\theta_i) \qquad \text{if } x > \underline{x} \tag{3.7}$$

机器人在遇到 x 边界后 i 增加 1。

Find-Plume 行为按照上式计算机器人的航向，使机器人在设定的矩形搜索区域中以"之"字形的运动覆盖搜索区域，直到机器人检测到羽流或超过该行为设定的最大执行时间。

当要搜索的区域较大时，机器人执行 Find-Plume 行为将消耗大量的搜索时间及其携带的能量。

2. Declare-Source 行为

机器人通过 Find-Plume 行为找到羽流后，机器人的目标就是利用 Maintain-Plume 行为保持与羽流的接触，同时朝着源头位置运动。如果由于羽流的不连续性以及羽流中心线弯曲等因素导致机器人失去与羽流的接触，则机器人转换到 Reacquire-Plume 行为，在丢失羽流的位置附近运动以快速地重新取得与羽流的接触，以避免采用耗费资源的 Find-Plume 行为寻找羽流。关于 Maintain-Plume 和 Reacquire-Plume 行为将在 3.4 节、3.5 节详细介绍。

最后，当机器人追踪羽流到达源头的位置后，机器人应该能够判断出其已经找到羽流的源头。在自然界中，生物通常利用多种感官模式（如视觉和触觉等）获取的信息来判断和定位羽流的源头。而对于机器人羽流追踪，需要设计有效的算法，实现机器人准确判断其是否找到羽流源头，并准确确定源头的位置。本书将在第 4 章对该问题进行深入介绍。本章中，判断机器人是否找到羽流源头时采用了如下的简单方法：

计算机器人和羽流源头 (x_{src}, y_{src}) 之间的欧氏距离 ρ：

$$\rho = \sqrt{(x-x_{src})^2 + (y-y_{src})^2} \tag{3.8}$$

当 $\rho < 1$ 时，认为机器人到达源头位置，机器人羽流追踪的任务仿真停止。

3.4 Maintain-Plume 行为分析

由于 Find-Plume 行为采用无信息式搜索对搜索区域进行覆盖，所以其消耗较长的时间和较大的能耗。鉴于此，机器人一旦找到羽流，则希望保持与羽流的接触，并同时朝向源头的方向运动，如图 3.2 所示。因此，羽流追踪研究的一个关键问题是设计有效的 Maintain-Plume 行为，使机器人有效地保持与羽流的接触，同时朝向源头位置方向前进。本节即对该行为进行分析。

从图 3.2 可以看出，由于羽流的不连续性，机器人检测到的羽流浓度也是不连续的信号。因此，首先对机器人与不连续的羽流"保持接触"进行定义：如果机器人在 t_v 时刻的前 λ 秒内的任何时间检测到羽流，则定义机器人在 t_v 时刻同羽流保持接触状态（即 $c(t) > \tau$，对于任何 $t \in [t_v - \lambda, t_v]$，这里的变量下标"v"表示机器人）。

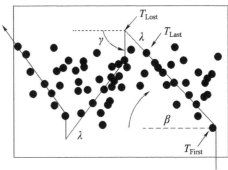

图 3.2 机器人追踪羽流示意图

如图 3.2 所示，令 T_{First} 表示机器人首次检测到羽流的时间（机器人在时刻 T_{First} 首次检测到羽流后，向相对于逆流方向 β 角度的方向运动；机器人若持续运动 λ 秒而没有检测到羽流，则机器人以相对于逆流方向 γ 角度向与 β 相反方向运动），T_{Last} 表示机器人检测到羽流的最近时间，机器人在 T_{First} 和 T_{Last} 之间检测到羽流。令 T_{Lost} 表示 $T_{\text{Last}} + \lambda$，即 T_{Lost} 为机器人同羽流接触丢失的时间，则机器人与羽流保持接触的时间为：

$$T_{\text{M}} = T_{\text{Lost}} - T_{\text{First}} - \lambda \tag{3.9}$$

受飞蛾以"之"字形运动追踪羽流的行为启发，设计机器人与羽流保持接触并同时向羽流源头方向运动的 Maintain-Plume 行为的策略为：

$$\psi_v(t) = \psi_u(t) + \beta(t) \qquad t \in [t_v - \lambda, t_v]，且 c(t) > \tau \tag{3.10}$$

$$\psi_v(t) = \psi_u(t) - \gamma(t)\text{sign}(\beta) \qquad t \in [t_v - T_{\text{W}}, t_v - \lambda]，且 c(t) > \tau \tag{3.11}$$

其中，$\psi_u(t) = \psi_w(t) + 180°$，代表机器人位置处流体流动方向的相反方向；$\beta(t)$、$\gamma(t)$ 为策略中机器人运动方向与逆流方向的偏角；T_{W} 是策略的参数；对于 $t \in [t_v - T_{\text{W}}, t]$，如果 $c(t) < \tau$，则机器人转换到 Find-Plume 行为。

为了分析环境因素和行为中的参数对 Maintain-Plume 行为性能的影响，基于上述的仿真环境和蒙特卡罗方法对其性能进行统计分析。

首先进行蒙特卡罗仿真，分析当 $\beta=0$ 时，在式（3.10）和式（3.11）所示的策略中，T_W 对参数 λ 和 τ 的变化。该蒙特卡罗仿真分析中，共进行 10 000 次仿真。每次仿真中，机器人均从初始位置 $(x, y) = (85, 0)$ m 开始执行羽流追踪任务。机器人采用完全相同的 Find-Plume 行为在搜索区域中搜索羽流。当机器人检测到羽流后，机器人采用 Maintain-Plume 行为追踪羽流，但使用一组不同的 λ 和 τ 值。当机器人追踪羽流丢失后，保存所得到的 T_W 值。

T_W 随 λ 和 τ 的变化结果如图 3.3 所示。

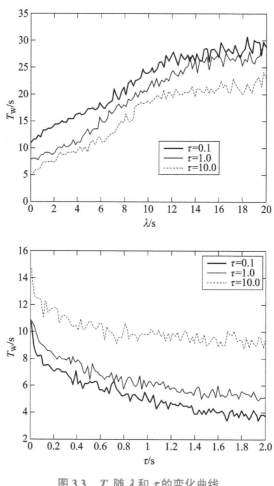

图 3.3 T_W 随 λ 和 τ 的变化曲线

从图 3.3 可以看出，降低检测阈值 τ 将导致 T_w 增加。因为降低阈值增加了检测到羽流的时间。同时，增加 λ 也将导致 T_w 增加，因为增加 λ 会使机器人有更多的时间来遇到羽流。然而，图 3.3 没有揭示出来的是，当确定羽流已经丢失时，增加 λ 可导致机器人与羽流的距离显著增长，这种增加的机器人与羽流之间的距离将使 Reacquire-Plume 行为变得复杂。此外，随着 λ 增加，T_w 趋于饱和。

在如图 3.3 所示的一组实验条件下的仿真之外，也进行了其他参数的仿真。结果表明，随不同的仿真条件设置，图中的具体数值虽有所改变，但曲线变化的总体趋势不变。

3.5　Maintain-Plume 行为设计与优化

机器人在逆流运动追踪羽流的过程中，要使机器人与羽流保持接触，需要设计两个相互作用的行为：Maintain-Plume 行为和 Reacquire-Plume 行为。这两个行为难以独立考虑或优化。本节首先介绍 Reacquire-Plume 行为，因为其策略是设计和分析 Maintain-Plume 行为所必需的。

3.5.1　Reacquire-Plume 行为

羽流重新获取问题是在最后一次检测到羽流后 λ 秒，机器人执行旨在重新找到羽流的行为。如果机器人在时间 T_w 内没有重新获得与羽流的接触，则机器人将转换到 Find-Plume 行为。由于 Find-Plume 行为在时间和能耗方面都具有较高的代价，所以机器人最大化成功重新获得羽流接触的概率至关重要。

如图 3.1 所示，机器人向与逆流方向成 β 偏角的方向运动。基于该运动策略，重新获取羽流的一个关键问题是：当机器人采用羽流保持策略追踪羽流并失去与羽流的接触时，机器人应该转向哪个方向来最大限度地提高重新接触羽流的可能性？答案很明显，即机器人转向羽流。但这种方法却不易直接实现，因为机器人相对于羽流的位置是未知的。机器人可获得的信息是机器人的航向 $\psi_v(t)$、流体流动方向 $\psi_w(t)$、检测到的羽流浓度 $c(t)$ 和机器人位置 $(x(t), y(t))$。

我们分两个步骤来研究羽流重新获取。首先，将机器人重新获取羽流接触的时间作为角度 γ 的函数进行分析；然后，分析机器人运动方向减去流向的测量信息与最佳角度 γ 之间的统计关系，以确定使用 $\psi_v(t)$ 和 $\psi_w(t)$ 来确定最佳 γ 角度的方法。

为了分析第一个问题，进行了一组蒙特卡罗仿真模拟。其中，每次仿真采用 36 个机器人，每个机器人由[1，36]中的变量 i 索引。仿真中，机器人从 $(x,y) = (80,10)$ m 开始执行任务，但不采用 Find-Plume 行为，而是停留在任务开始位置，直到机器人检测到羽流。当机器人检测到羽流后，所有机器人沿式(3.10)定义的航向运动，直到与羽流的接触丢失。当羽流丢失时，第 i 个机器人的航向改变为：

$$\psi_v(t) = \psi_u(t) - \gamma_i + \Phi \qquad (3.12)$$

式中，$\gamma_i = 10i$，Φ 为正态随机变量，其标准差为 σ（引入随机量 Φ，是为了分析流向测量误差对性能的影响）。机器人沿式（3.12）给出的方向运动，直到它重新获得羽流的接触或者超时（$T = 200$ s）。

在每次仿真结束后，记录每个机器人重新获取羽流的时间。因此，仿真记录了最佳角度 γ 及其对应的恢复时间 T_R。根据此记录，得到如图 3.4 所示的结果。

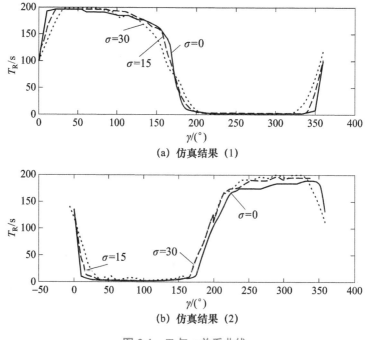

(a) 仿真结果（1）

(b) 仿真结果（2）

图 3.4　T_R 与 γ 关系曲线

在图 3.4（a）中，当 γ 在[0°，180°]范围内时，曲线形状最接近于 T_R =200；当 γ 在[180°，360°]范围内时，曲线形状最接近于 T_R =0，当该组仿真结果对应于负 γ 时，会产生更好的性能仿真。在图 3.4（b）中，当 γ 在[0°，180°]范围内时，曲线形状最接近于 T_R =0；当 γ 在[180°，360°]范围内时，曲线形状最接近于 T_R =200，当该组仿真结果对应于正 γ 时，会产生更好的性能仿真。对参数 σ 的三个不同值重复该分析，结果相似。

本章的仿真目标是尽可能减少时间 T_R 。图 3.4 显示，机器人垂直于流方向[即，图 3.4（a）为 270°，图 3.4（b）为 90°]运动实现了最小的时间 T_R 。

确定 γ 的最佳幅值后，接下来研究机器人如何利用可用的数据 [即 $\psi_w(t)$ 、$\psi_v(t)$ 、机器人位置和 $c(t)$] 可靠地确定 γ 符号的方法。

为了解决该问题，进一步分析在 $\gamma = -90°$ 或 $\gamma = +90°$ 情况下的仿真数据。在该分析中，考虑在时间 $t=T_{\text{Lost}}$ 时的 $\psi_w(t)$ 和 $\psi_v(t)$ 。对于 100 次的仿真，确定 γ 的哪个符号产生 T_R 的最小值。对于相应的 γ 值，进一步分析 $\psi_w(t)$ 和 $\psi_v(t)$ ，得到如下的结果：

在 $\gamma = -90°$ 时具有较好性能的 58 次仿真中，90%的仿真具有：

$$\psi_r(t) = \psi_v(t) - \psi_w(t) < -180° \tag{3.13}$$

在 $\gamma = +90°$ 时具有较好性能的 42 次仿真中，90%的仿真具有：

$$\psi_r(t) = \psi_v(t) - \psi_w(t) > -180° \tag{3.14}$$

基于该结果，可得出如下结论：

$$\text{如果} \psi_v(t) - \psi_w(t) > -180°，\text{则} \gamma = +90° \tag{3.15}$$

$$\text{如果} \psi_v(t) - \psi_w(t) < -180°，\text{则} \gamma = -90° \tag{3.16}$$

在 $t = T_{\text{Lost}}$ 时刻，机器人应用该策略将会以约 90%的成功率来重新获得与羽流的接触。

基于上述结果，设计了策略 1，如表 3.2 所示，用于机器人与羽流保持接触。

表 3.2　策略 1 总结

动　作	条　件
$\psi_v(t) = \psi_u(t)$	对于一些 $v \in [t_v - \lambda, t_v]$，如果 $c(t) > \tau$
$\psi_v(t) = \psi_u(t) - \gamma$	对于一些 $v \in [t_v - \lambda, t_v]$，如果 $c(t) < \tau$ 对于一些 $v \in [t_v - T_w, t_v - \lambda]$，如果 $c(t) > \tau$
$\gamma = +90°$	如果 $\psi_v(T_{Lost}) - \psi_w(T_{Lost}) > -180°$
$\gamma = -90°$	如果 $\psi_v(T_{Lost}) - \psi_w(T_{Lost}) < -180°$

　　由于策略 1 使用 $\beta = 0°$（即逆流），且机器人不能精确地测量流向，所以在流向测量中的噪声可能导致 γ 具有不正确符号，因此策略 1 的稳定性不够。

　　图 3.5 显示了机器人在仿真环境中利用策略 1 搜索到羽流源头时间的等值线图。其中，羽流源头位于 $(20, 0)$m 处，机器人速度设置为 1 m/s，$\lambda = 1.0$ s，$T_w = 3.0$ s，设置边界条件使仿真的羽流具有较大的弯曲。机器人在每个位置（将 100 m × 100 m

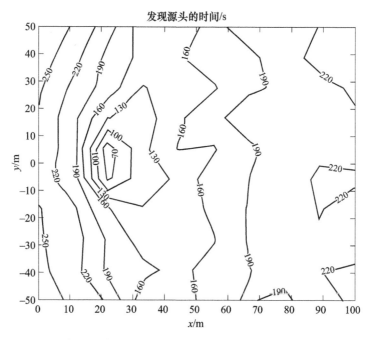

图 3.5　机器人使用策略 1 搜索到羽流源头平均时间的等值线图

的仿真区域划分为 10×10 的网格，机器人的起始位置位于网格内，共 100 个进行 100 次的羽流追踪任务仿真（总共进行 10 000 次仿真），将 100 次仿真结果取平均值得到如图 3.5 所示的等值线图。在该图和本章后面的等值线图中，如果机器人在 300 s 的时间内找不到羽流源头，则使用值 300 s 作为其寻找羽流源头的时间。本章利用该等值线图来说明整体的搜索性能。

3.5.2　被动策略

对于 $\beta=0$ 的情况，3.5.1 节基于 $\psi_r(T_{\mathrm{Lost}})$ 来确定 γ。本节扩展其分析，以考虑 β 非零时的情况。

在本节中，设计保持羽流接触的策略如下：

$$\psi_v(t)=\psi_u(t)+\varPhi \qquad c(t)>\tau \tag{3.17}$$

$$\psi_v(t)=\psi_u(t)+\beta+\varPhi \qquad c(t)<\tau \tag{3.18}$$

其中，$\varPhi$ 是具有最大幅值 A 的均匀随机变量。利用这种策略，当机器人检测到羽流时，则机器人沿逆流的方向运动。当机器人没有检测到羽流时，则沿相对于逆流方向为 β 角度的方向运动。式（3.18），对于一些 $t\in[t_v-\lambda,t_v]$，要求 $c(t)>\tau$。

对该策略进行蒙特卡罗仿真。对于每次仿真，在开始位置 $(x,y)=(85,0)$ m 处放置 36 个机器人，机器人以 1.0 m/s 的速度执行任务。每个机器人都执行相同的 Find-Plume 行为，直到检测到羽流。在检测到羽流之后，所有机器人执行上述策略，但策略中每个机器人采用不同的 β 值。对于第 i 个机器人，$\beta=-60+120i/36$，i 是 $[1,36]$ 中的机器人索引。每个机器人执行该策略，直到机器人在 λ 秒没有检测到羽流或者机器人找到羽流源头。重复该仿真 100 次，记录每个机器人与羽流接触的总时间量和 $\psi_r(T_{\mathrm{Lost}})=\psi_w(T_{\mathrm{Lost}})-\psi_v(T_{\mathrm{Lost}})$。

上述仿真中的每次仿真都产生了对应于 β 的 T_{M} 记录，其结果如图 3.6 所示。

图 3.6（a）对应于正的 β 产生更好性能，图 3.6（b）对应于负的 β 产生更好的性能。该类仿真分析一共进行两批（每批 100 次仿真，每次仿真应用 36 个机器人），一批仿真中随机分量 $\varPhi$ 等于零，另一批仿真中随机分量为 $\varPhi\in[-10°,10°]$ 的

均匀分布。

对于图 3.6（a），当 $\Phi = 0°$ 时，$\psi_r(T_{\text{Lost}}) > -180°$ 的仿真比例为 81%，当 $\Phi \in [-10°, 10°]$ 时，$\psi_r(T_{\text{Lost}}) > -180°$ 的仿真比例为 78%；对于图 3.6（b），当 $\Phi = 0°$ 时，$\psi_r(T_{\text{Lost}}) < -180°$ 的仿真比例为 91%，当 $\Phi \in [-10°, 10°]$ 时，$\psi_r(T_{\text{Lost}}) < -180°$ 的仿真比例为 86%。

通过将这些统计关系与上一节的结论相结合，我们可以得出以下结论：可以使用 $\text{sign}(\beta)$ 来确定 γ 的符号，而不是使用 $\psi_r(T_{\text{Lost}})$。基于该结论，设计策略 2，如表 3.3 所示。

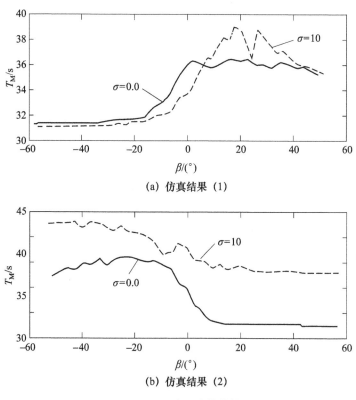

(a) 仿真结果（1）

(b) 仿真结果（2）

图 3.6 T_M 随 β 变化曲线

表 3.3　策略 2 总结

动作	条件
$\psi_v(t) = \psi_u(t)$	$c(t) > \tau$
$\psi_v(t) = \psi_u(t) + \beta$	$c(t) < \tau$ 但对于一些 $t \in [t_v - \lambda, t_v]$，要求 $c(t) > \tau$
$\psi_v(t) = \psi_u(t) - \gamma$	对于所有 $t \in [t_v - \lambda, t_v]$，要求 $c(t) < \tau$ 对于一些 $t \in [t_v - T_w, t_v - \lambda]$，要求 $c(t) > \tau$ 其中 $\gamma = 90° \text{sign}(\beta(T_{\text{Lost}}))$

下面对策略 1 和策略 2 进行对比分析。

为了有效地实施策略 1，需要为机器人配置精确的传感器，以精确地测量 $\psi_r(T_{\text{Lost}})$。而策略 2 仅需要相对于机器人的动力学低带宽流向传感器来保持相对于流向的运动方向，因此策略 2 对流向传感器噪声更加鲁棒。但策略 2 仍存在一个缺点，即其平均"在羽流中"的路径将长于策略 1，因为策略 2 中 $\beta \neq 0$。当流场几乎均匀和时间不变时，或者当搜索者非常接近源头（流向与羽流的长轴方向很好的一致）时，策略 1 都有优势。然而，当机器人离开羽流后，机器人应用策略 1 可能无法可靠地转向正确的方向以快速重新获取羽流。当机器人长距离追踪弯曲的羽流时，策略 2 相对于策略 1 具有重新获取羽流的性能优势，因此应用策略 2 是更有效的。

3.5.3　主动策略

3.5.2 节分析了 $\beta \neq 0$ 的优点。在本节中，分析使用时变 $\beta(t)$ 来改善逆流运动速度和与保持接触的性能。在设计的"主动"策略中，羽流中的机器人航向设计为：

$$\psi_v(t) = \psi_u(t) + \Phi + \beta(t) \tag{3.19}$$

其中，Φ 是模拟的传感器误差，$\beta(t)$ 为时变函数：

$$\beta(t)=\begin{cases}\beta_1 & (t-T_{\text{First}})\leqslant\tau_1\\2\beta_1 & \tau_1<(t-T_{\text{First}})\leqslant\tau_2\\3\beta_1 & (t-T_{\text{First}})>\tau_2\end{cases}\qquad(3.20)$$

具有时变 $\beta(t)$ 的 Maintain-Plume 行为如图 3.7 所示。当机器人首次进入羽流时，机器人便转向 $\psi_v=\psi_u(t)$（即 β 小）。随着在羽流中的时间增加，$\beta(t)$ 的大小（朝向 $\pm90°$）增加。β 的符号基于机器人在进入羽流时的运动方向来选择，目的是使机器人继续运动进入羽流。因此，在机器人刚进入羽流时，较小的 $\beta(t)$ 实现了机器人更快地沿逆流方向向羽流源头方向运动。随着 $|\beta(t)|$ 的增加，机器人将按照设计的方向离开羽流。由于在 T_{Lost} 时刻机器人离开羽流的方向是已知的，因此机器人可以准确地转向羽流的方向以最大化快速重新获取羽流的可能性。一旦重新获取羽流，更改 $\beta(t)$ 的符号实现机器人继续追踪羽流。

为了分析该策略中参数的影响，进行了 100 次蒙特卡罗仿真。对于每次仿真，在 $(x,y)=(60,5)$ m 处放置 100 个机器人。所有 100 个机器人执行完全相同 Find-Plume 行为，直到检测到羽流。当机器人检测到羽流后，转换到 Maintain-Plume 行为，并采用不同的策略参数。对于所有的仿真，其他策略参数设置为 $\gamma=\pm90°$，$\lambda=1.0$ s。如果机器人在 λ 秒内重新获得羽流，则 T_M 保持累积。记录所有对应于 β 的 T_M 记录，并将 100 次仿真的 100 条记录进行平均得到如图 3.8 所示的曲线。

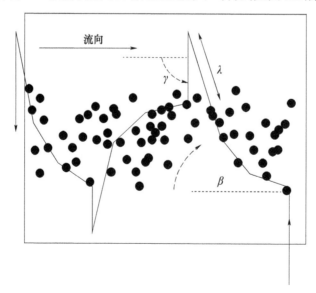

图 3.7　具有时变 $\beta(t)$ 的 Maintain–Plume 行为

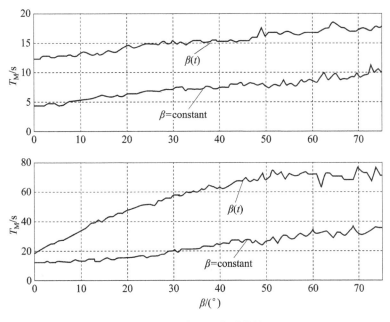

图 3.8　T_M 与 $\beta(t)$ 关系曲线

图 3.8 中显示了角度参数 β 对 T_M 的影响。上图显示了使用大尺度弯曲羽流的仿真结果，可以发现仿真羽流具有大振幅和低频弯曲；下图显示了使用小尺度弯曲羽流的仿真结果，可以发现仿真羽流具有小振幅和高频弯曲。从仿真结果可以看出，当追踪的羽流的弯曲程度较小时，时间 T_M 明显更长。图中的底部曲线表示策略中采用恒定角度 $\beta \in [0°, 75°]$ 的仿真结果。该结果表明，机器人以较大的相对于流向的偏角运动则增加了与羽流保持接触的时间；然而，较大的偏角将导致机器人在每个横断面具有较小的逆流运动幅度。图中的顶部曲线显示时变角 $\beta(t)$ 的仿真结果（$\beta(t)$ 最大值的 $3\beta_i$ 从 0° 变化到 75°）。该结果表明，当使用时变 β 时，机器人在羽流中的时间方面存在显著的优点。此外，当 $\beta(t)$ 重新初始化到接近 0° 时，每次机器人重新进入羽流时该方法会产生较大的机器人沿逆流方向的运动幅度。

3.5.4　策略性能对比

为了对比上述三种策略的性能，在相同环境条件下，利用仿真环境进行了蒙特卡罗仿真。图 3.9 为仿真结果。该结果是通过在 x 轴的不同位置，即 $(i,0)$ $(i=0,\cdots,100)$ 使用每个策略来令机器人执行羽流追踪任务。每个策略从每个起始位置开始执行 500 次。图 3.9 显示了每个策略对应于起始位置找到源头的平均时间。对于远离羽流源头的初始位置，策略 3 比策略 1 产生 30~40 s 的改进，比策略 2 提高了 10 s。在羽流源头附近的流向与羽流中心线几乎一致，所有这三种策略的性能几乎相同。

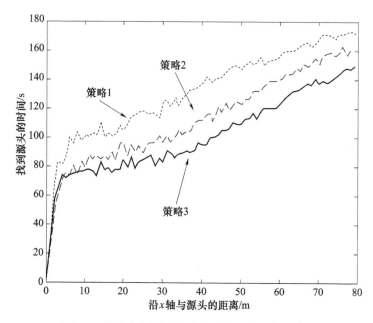

图 3.9　机器人利用三种策略到达羽流源头的时间

第 4 章

飞蛾行为仿生的 AUV 化学羽流追踪

4.1　概　　述

目前，大部分化学羽流追踪问题的研究和结果验证，主要集中于从几厘米到几米的小区域，或者是计算机仿真环境中，而对在复杂自然环境中形成的化学羽流进行长距离的追踪更具有挑战性。在复杂自然环境中进行化学羽流追踪的问题复杂性主要表现在以下几个方面：

① 在许多自然环境中的化学羽流追踪和源头定位任务中，化学物质通常仅占据大尺度搜索区域中的一个小尺度区域。因此，追踪化学羽流的机器人需要在缺乏该区域中化学羽流及其源头分布的任何先验信息的情况下，对该区域进行有效的搜索以尽快寻找到羽流。

② 在自然环境中形成和发展的化学羽流，由于受湍流等复杂环境因素的影响，化学羽流浓度的瞬时分布不规则、不连续，存在大量空间梯度剧烈变化的局部极值点。图 4.1 为近岸海洋环境中在海流、海浪等作用下发展起来的罗丹明化学羽流，在羽流中的某些位置，化学物质的浓度较低，化学羽流看似间断；而在其临近区域（深红颜色的位置），化学物质的浓度又较高。

③ 在随时间和空间变化的环境流场的输运下，长距离发展的化学羽流的轴线会发生弯曲，弯曲的羽流轴线方向与瞬时流向不总是平行，而且与瞬时流向缺乏相关性，如图 4.1 所示。因此，以瞬时流向信息为指导的化学羽流追踪策略经常导致机器人在追踪羽流的过程中会跟踪丢失。因此，追踪化学羽流的机器人，必须在追踪丢失化学羽流的位置进行局部搜索以重新找到化学羽流。

④ 由于羽流源头浓度未知、被检测的化学物质的输运距离未知、流场随着时间和空间变化，因此长距离追踪化学羽流后，对化学羽流源头进行确认并精确定位也是复杂的。

图 4.1　2010 年于中国大连湾海域进行自主水下机器人追踪化学羽流实验时生成的罗丹明化学羽流，白色曲线为羽流的弯曲轴线，羽流可视长度约为 350 m

因此，针对复杂自然环境中的化学羽流追踪任务，必须考虑在大范围搜索羽流、搜索到羽流后长距离追踪羽流、追踪丢失后寻找丢失的羽流，以及对化学羽流源头进行确认和精确定位的完整的机器人行为。

本书在第 3 章介绍的飞蛾行为仿生化学羽流追踪策略的基础上，介绍针对自主水下机器人在海洋环境中寻找羽流、追踪羽流、定位羽流源头的控制算法，以及在近岸海洋环境中进行的实验。

4.2　飞蛾行为仿生羽流追踪算法

4.2.1　羽流追踪任务描述

本章针对 AUV 在二维水平面追踪化学羽流进行研究。假设 AUV 在进行羽流追踪作业前，已经通过 AUV 探测或者其他手段确定羽流所处的深度，AUV 在指定深度实施化学羽流追踪。

图 4.2 为本章研究的 AUV 化学羽流追踪任务示意图，设计的算法即针对该任务。首先 AUV 从当前位置航行到探测区域的某个指定追踪任务开始位置如 $(X_{\max}, Y_{\min}, Z)$，然后 AUV 以固定的深度或高度 Z 在设定的矩形探测区域 $[X_{\min}, X_{\max}, Y_{\min}, Y_{\max}]$ 中寻找羽流，当找到羽流后追踪该羽流到达其源头位置，并利用算法对源头位置进行估计，完成源头定位后航行回到要求的位置，任务结束。本章的研究中，假设任务区域中仅包含一个羽流源头。

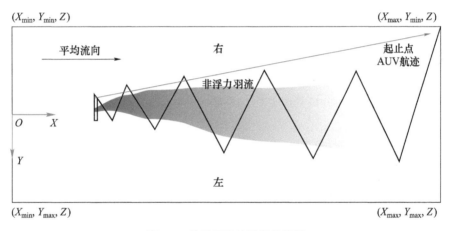

图 4.2　化学羽流追踪任务描述

4.2.2　包容式体系结构

本章基于第 3 章介绍的飞蛾行为仿生羽流追踪策略，研究 AUV 对羽流追踪的在线任务规划算法。算法的输入为 AUV 搭载的化学传感器的信息和流速、流向传感器的信息，输出为 AUV 的期望艏向角 ψ_c 和运动速度 v_c。

在线任务规划是自主机器人学研究的一个重要问题。自主机器人的在线任务规划方法大致可以分为基于慎思的规划方法、基于行为的反应式规划方法，以及慎思和反应相结合的混合式规划方法。基于行为的反应式规划方法计算量小、鲁棒性强，且自主机器人具有对复杂、动态、非结构化环境的实时、快速反应能力等优点，自从提出以来就成为自主机器人在线任务规划研究和应用的一个重要方法。基于第 3 章介绍的飞蛾行为仿生羽流追踪行为，本章采用基于行为的规划方法来研究和设计 AUV 追踪羽流的在线任务规划算法。

设计基于行为的规划算法的步骤是：首先从作业任务中抽象和提炼出子任务，即行为；然后设计实现行为的具体算法；最后研究和设计协调行为的机制和算法。在设计基于行为的规划算法之前，组织和协调行为的体系结构是需要考虑的首要问题。包容式体系结构是经典的行为协调体系结构，本章基于包容式体系结构设计 AUV，实施如图 4.2 所示的化学羽流追踪任务的规划算法。

基于第 3 章介绍的雄性飞蛾追踪雌性飞蛾释放的信息素羽流的行为，针对如图 4.2 所示的 AUV 在二维水平面矩形区域中寻找羽流、追踪羽流、定位羽流源头的任务要求，研发的包容式体系结构[107]如图 4.3 所示，其主要包括 Find-Plume、Maintain-Plume、Reacquire-Plume 和 Declare-Source 等行为。

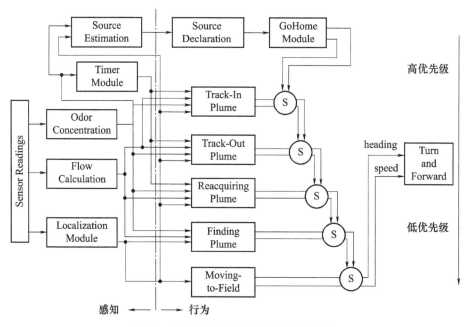

图 4.3 化学羽流追踪的包容式体系结构

图 4.3 中，带有"S"标记的圆，表示采用抑制方法对不同行为输出的指令进行仲裁以确定最终输出的指令。从图 4.3 可以看出：一个包容模块的输出连接到另一个包容模块的上端输入。如果包容模块的上端输入有任何输出值，则该包容模块输出其上端输入值，否则该包容模块则输出其左端输入的值。

在该体系结构中，Declare-Source 行为具有最高的优先级。如果该行为找到了羽流源头并定位了其位置，则该行为输出控制指令，驱动 AUV 返回到任务的起始位置。Declare-Source 输出的控制指令阻止其他行为中输出的指令。

Maintain-Plume 行为包括 Track-In 和 Track-Out 行为。当 AUV 检测到化学羽流时，Track-In 行为控制 AUV 快速地朝向源头位置的方向运动。当 AUV 采用 Track-In 行为而在一段时间内没有检测到化学羽流时，Track-Out 行为调整 AUV 相对于逆流方向的艏向角，使其能够快速地重新接触到化学羽流。Track-In 行为和 Track-Out 行为分别拥有第二高和第三高的优先级。当 Track-In 和 Track-Out 行为对 AUV 实施控制时，AUV 或者正在检测到化学羽流或者在最近的一段时间内检测到化学羽流。

当 AUV 执行 Maintain-Plume 行为追踪羽流丢失后，AUV 采用 Reacquire-Plume 行为，在其最近检测到化学羽流的位置附近搜索化学羽流，若找到化学羽流则继续利用 Maintain-Plume 行为追踪羽流；若未能找到化学羽流，则 AUV 采用 Find-Plume 行为在该矩形区域中进行大范围的羽流搜索。

该包容式体系结构中，还包含了 Moving-to-Field 行为和 GoHome 行为，分别在开始羽流追踪任务前和完成羽流追踪任务后，控制 AUV 从当前位置航行到羽流追踪的任务起始位置。

4.2.3　行为设计

本节对 Find-Plume、Maintain-Plume、Reacquire-Plume、Declare-Source 行为的具体设计进行介绍。

1. Find-Plume 行为

Find-Plume 行为的作用是：在没有关于搜索区域中羽流及其源头分布的任何

假设的情况下，控制 AUV 主要以垂直于海流方向进行运动并对整个搜索区域进行覆盖式的搜索。

Find-Plume 行为输出的 AUV 命令艏向角为：

$$\psi_c = f_{\text{dir}}(t,x,y) + \text{sign}(\eta)\Delta\psi(t) \tag{4.1}$$

式中，$f_{\text{dir}}(t,x,y)$ 为在时间 t 和机器人位置 (x,y) 处计算得到的流向；$\eta = 0.5(Y_{\min} + Y_{\max}) - y$，其中"$[X_{\min}, X_{\max}] \times [Y_{\min}, Y_{\max}]$"为 AUV 执行羽流追踪任务的设定区域；$\text{sign}(\eta)$ 为 ± 1；变量 $\Delta\psi(t)$ 为 AUV 向上游方向或者向下游方向进行羽流搜索时所采用的偏角，其取值分别为常数 $\Delta\psi(t)_{\text{up}}$（对于向上游方向搜索）或者常数 $\Delta\psi(t)_{\text{down}}$（对于向下游方向搜索）。

Find-Plume 行为的轨迹如图 4.4 所示。

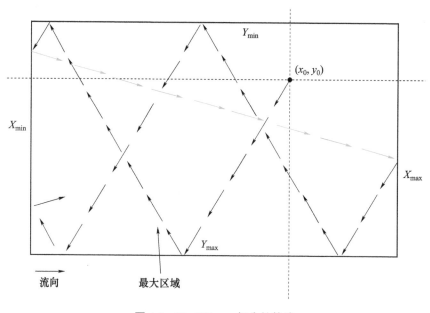

图 4.4　Find-Plume 行为的轨迹

2. Maintain-Plume 行为

受观测到的雄性飞蛾追踪雌性飞蛾信息素羽流的行为启发，设计 Maintain-Plume 行为。Maintain-Plume 行为模仿飞蛾追踪羽流的行为，并包括

Track-In 行为和 Track-Out 行为。当 AUV 检测到化学羽流时，Track-In 行为控制 AUV 快速地朝向源头位置的方向运动。当 AUV 采用 Track-In 行为而在一段时间内没有检测到化学羽流时，Track-Out 行为调整 AUV 相对于逆流方向的艏向角，使其能够快速地重新接触到化学羽流。

Maintain-Plume 行为示意图如图 4.5 所示。

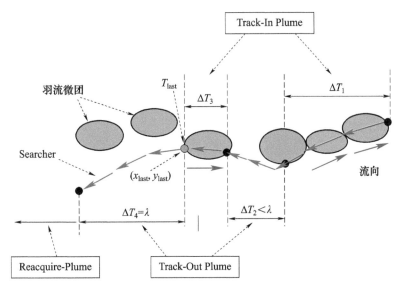

图 4.5　**Maintain-Plume 行为示意图**

Track-In 和 Track-Out 行为算法实现如下：

$$
\begin{cases}
\psi_c = f_{\mathrm{dir}}(t,x,y) + 180° + \Delta\psi(t)_{\mathrm{Track-In}} & t \in T_{\mathrm{Track-In}} \\
v_c = v_{\mathrm{Track-In}}
\end{cases}
\tag{4.2}
$$

$$
\begin{cases}
\psi_c = f_{\mathrm{dir}}(t,x,y) + 180° + \Delta\psi(t)_{\mathrm{Track-Out}} & t \in T_{\mathrm{Track-Out}} \\
v_c = v_{\mathrm{Track-Out}}
\end{cases}
\tag{4.3}
$$

式中，$\Delta\psi(t)_{\mathrm{Track-In}}$ 和 $\Delta\psi(t)_{\mathrm{Track-Out}}$ 分别为 Track-In 行为和 Track-Out 行为中输出的 AUV 指令艏向角相对于逆流方向的偏角；$v_{\mathrm{Track-In}}$ 和 $v_{\mathrm{Track-Out}}$ 分别为 Track-In 行为和 Track-Out 行为输出的 AUV 指令速度；$T_{\mathrm{Track-In}}$ 和 $T_{\mathrm{Track-Out}}$ 分别为 Track-In 行为和 Track-Out 行为的持续时间。

3. Reacquire-Plume 行为

如果 AUV 应用 Track-Out 行为在给定的一段时间间隔内没有检测到化学羽流，则 AUV 转换到 Reacquire-Plume 行为。该行为受飞蛾在追踪羽流丢失后所采用的 casting 行为启发，控制 AUV 在最近检测到化学羽流的位置进行羽流搜索。在此，考虑由一个主推进器和方向舵实施运动控制的 AUV 的动力学特性，设计 Reacquire-Plume 行为为控制 AUV 进行三叶草形状路径搜索，如图 4.6 所示，在最近检测到化学物质的位置进行搜索。

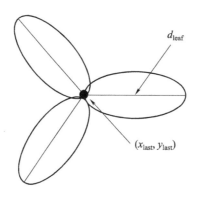

图 4.6　Reacquire-Plume 行为的三叶草路径（假设流向为从左至右）

在该三叶草路径中，其中心位于化学羽流最近被检测的位置 (x_{last}, y_{last})。三个叶子中，一个叶子的方向与顺流方向平行，以使当 AUV 的运动超过了羽流源头位置后，通过该叶子能够再次使 AUV 回到源头的下游位置并检测源头释放的化学羽流。三叶草路径的叶子的直径 d_{leaf} 选取，受 AUV 最小回转直径的约束，即应大于 AUV 的最小回转直径，否则 AUV 无法沿该路径运动。当 AUV 在执行 Reacquire-Plume 行为的过程中，若检测到化学羽流则 AUV 转换到 Track-In 行为；若 AUV 连续进行了 N_{re} 次的三叶草路径搜索仍未找到化学羽流，则 AUV 转换到 Find-Plume 行为。

该行为输出的机器人指令艏向角由视线制导方法计算：$\psi_c = \text{atan2}(y_i - y, x_i - x)$，其中 (x_i, y_i) 是位于三叶草路径上的 AUV 运动目标点。

4. Declare-Source 行为

Declare-Source 行为是基于 Maintain-Plume 行为和 Reacquire-Plume 行为产生的结果，实现 AUV 对羽流源头位置的估计。

Declare-Source 行为的具体实现在 4.3 节详细说明。

5. 避障行为

在上述研究的基础上，针对 AUV 在近岸海洋环境中追踪化学羽流会遭遇水草等障碍情况（如图 4.7 所示），文献 [108] 进一步研究了 AUV 对水草等障碍的规避行为，并研发了综合避障行为的羽流追踪算法，其包容式体系结构如图 4.8 所示。图 4.9 为其中的一个计算机仿真结果。

图 4.7　水草障碍[108]

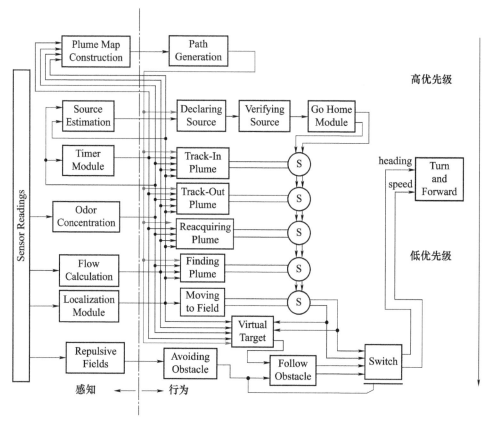

图 4.8　集成 AUV 避障行为的包容式体系结构

4.2.4　讨论

　　上述 AUV 追踪化学羽流的反应式规划算法，羽流检测的准确性对算法性能具有重要的影响。如果 AUV 在没有羽流的位置但传感器误报检测到羽流，或者 AUV 在有羽流的位置但传感器误报为没有检测到羽流，将使 AUV 向错误的方向跟踪。因此，AUV 搭载的羽流原位探测传感器的数据处理和融合，以准确辨识 AUV 是否检测到羽流，是实现该算法前需考虑的一项重要内容。

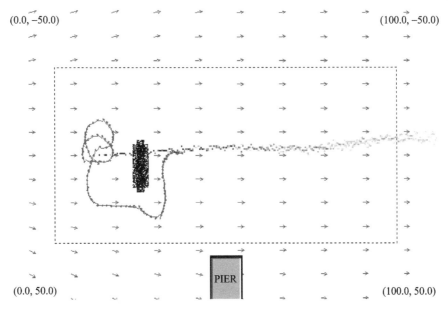

图 4.9　结合避障行为的 AUV 化学羽流追踪仿真结果

此外，在本章设计的追踪算法中，流向是非常重要的信息。我们在大连湾海域进行的羽流追踪实验中，有几次实验没能成功，是由于实验时间处于涨潮—落潮或落潮—涨潮的交替过程中，加之受到地形的影响，实验区域的流向比较紊乱，导致 AUV 跟踪错了方向。因此，在应用基于本章算法进行羽流追踪时，应选择在流向比较稳定的时间进行作业，以保证 AUV 追踪羽流的任务能够成功和高效地完成。

除了逆流向上的"之"字形的追踪策略，自然界中也有生物追踪羽流的边界。边界追踪策略也是一种有效的追踪策略，其一个仿真结果如图 4.10 所示。边界提供了羽流分布的重要信息，并且在流向信息难以利用的情况下，设计 AUV 追踪边界的策略也是实现 AUV 追踪羽流的一种有效途径。

图 4.10　AUV 追踪羽流边界的一个计算机仿真结果

4.3　羽流源头定位算法

当 AUV 追踪化学羽流到达源头位置后，需要设计有效的算法判断 AUV 是否已经找到羽流源头并对源头位置进行估计。本节对实现该目标的 Declare-Source 行为进行介绍。

在 AUV 追踪化学羽流的过程中，其通过对 Maintain-Plume 行为和 Reacquire-Plume 行为的调用，实现对羽流的追踪和向上游源头位置方向的前进。如图 4.5 所示，在一个典型的 AUV 追踪化学羽流过程中，当 AUV 检测到化学羽流时，如果在 ΔT_1 和 ΔT_3 时间，采用 Track-In 行为追踪羽流。当 AUV 在当前位置没有检测到化学羽流，但在其前 λ 秒时间内检测到化学羽流时，如图 4.5 所示的 ΔT_2 时间，则 AUV 采用 Track-Out 行为追踪羽流。在 AUV 追踪化学羽流的过程中，若采用 Track-Out 行为追踪羽流并在 λ 秒后仍没有检测到化学羽流，则将最近一个检测到化学羽流的位置点定义为 LCDP，也即 AUV 当前 Track-Out 行为前的 Track-In 行为检测到化学物质的最后位置，即图 4.5 中 T_{last} 时刻的

(x_{last}, y_{last}) 位置点。

如图 4.11 所示，在 AUV 追踪羽流的过程中，会生成一系列的 LCDP。LCDP 提供了关于羽流分布的重要的信息。LCDP 沿羽流的轴线分布，但是当 AUV 接近羽流源头时，LCDP 聚集在源头的位置附近。因此，本节基于 LCDP 的分布来研发化学羽流源头定位算法。

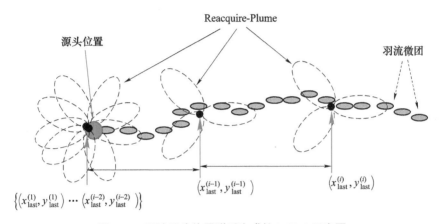

图 4.11　羽流源头位置附近生成的 LCDP 示意图

为了便于算法设计，定义 LCDP 如下：

```
struct LCDP_Node
{
double T_last, x_last, y_last;
double conc, f_dir, f_mag;
double x_flow, y_flow;
};
```

其中，T_{last} 是检测到 LCDP 的时间，(x_{last}, y_{last}) 是 AUV 在 T_{last} 时刻的位置，conc 是 AUV 在 T_{last} 和 (x_{last}, y_{last}) 检测到的化学羽流的浓度，(f_{dir}, f_{mag}) 是 AUV 在 T_{last} 和 (x_{last}, y_{last}) 测量得到的流体的方向和大小，(x_{flow}, y_{flow}) 为 (x_{last}, y_{last}) 在以当前流向为 x 轴方向定义的坐标系中的表示。

基于 LCDP,本章设计两种羽流源头定位算法,分别为 SIZ_T 和 SIZ_F,以下分别进行介绍。为方便起见,在以下的介绍中,(x_{last}, y_{last}) 也用于表示 LCDP。

4.3.1 SIZ_T 算法

本节介绍 SIZ_T 算法。该算法保持持续更新的最近生成的 N_{dec} 个 LCDP 的队列,并且将这些 LCDP 按照时间顺序排序。基于这些 LCDP,计算 $x_{last}^{(min)}$,$x_{last}^{(max)}$,$y_{last}^{(min)}$,$y_{last}^{(max)}$:

$$x_{last}^{(min)} = \min\left\{x_{last}^{t(i)}\right\} \tag{4.4}$$

$$x_{last}^{(max)} = \max\left\{x_{last}^{t(i)}\right\} \tag{4.5}$$

$$y_{last}^{(min)} = \min\left\{y_{last}^{t(i)}\right\} \tag{4.6}$$

$$y_{last}^{(max)} = \max\left\{y_{last}^{t(i)}\right\} \tag{4.7}$$

其中,上标 $t()$ 表示该队列对 N_{dec} 个 LCDP 按照时间排序, $i = 1, \cdots, N_{dec}$。

在化学羽流追踪过程中,SIZ_T 算法用式(4.8)计算距离 R,其示意图如图 4.12 所示。

$$R = \sqrt{\left(x_{last}^{(max)} - x_{last}^{(min)}\right)^2 + \left(y_{last}^{(max)} - y_{last}^{(min)}\right)^2} \tag{4.8}$$

当 $R \leqslant \varepsilon_T$ 时,SIZ_T 算法计算 LCDP 位置点的均值作为羽流的源头的位置:

$$x_{last}^{(min)} = \sum_{i=1}^{N_{dec}} x_{last}^{t(i)} / N_{dec} \tag{4.9}$$

$$y_{last}^{(min)} = \sum_{i=1}^{N_{dec}} y_{last}^{t(i)} / N_{dec} \tag{4.10}$$

SIZ_T 算法中,ε_T、N_{dec} 是用户定义的参数,对算法的性能具有重要的影响。SIZ_T 算法的伪代码如表 4.1 所示。

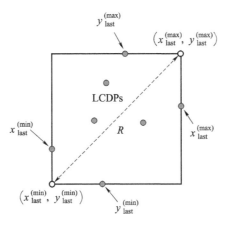

图 4.12 SIZ_T 算法示意图

表 4.1 SIZ_T 算法的伪代码

ALGORITHM SIZ_T($Q[\,1,\cdots,N_{\text{dec}}\,]$ **)**

//Identifying the source location by **SIZ_T** algorithm

//Input: Priority queue $Q[\,1,\cdots,N_{\text{dec}}\,]$

//Output: Status of source identification

    if ($N_{\text{dec}} \geqslant N_{\text{ini}}$)

        Sort Q in the order of the time serials

        for $i \leftarrow 1$ **to** N_{dec} **do**

            $P[i] \leftarrow Q[i]$ // P is a list

            Calculate $\left(x_{\text{last}}^{(\min)}, y_{\text{last}}^{(\min)}\right)$ and $\left(x_{\text{last}}^{(\max)}, y_{\text{last}}^{(\max)}\right)$

        Calculate the diameter of **SIZ_T**

        if the diameter $\leqslant \varepsilon_{\text{T}}$

            return $\left(x_{\text{last}}^{(m)}, y_{\text{last}}^{(m)}\right)$ as the source location

        else

            return no source location identified

    else

        return no source location identified

4.3.2 SIZ_F 算法

本节介绍 SIZ_F 算法。

在 AUV 追踪化学羽流的过程中，当从 Maintain-Plume 行为转换到 Reacquire-Plume 行为时，则生成一个新的 LCDP。在 SIZ_F 算法中，为了利用生成的 LCDP 队列对源头的位置进行估计，首先对 LCDP 点的位置坐标进行如下的坐标变换，以 $(x_{\text{last}}, y_{\text{last}})$ 为原点、以 $f_{\text{dir}} + 180°$ 为 x 轴的新坐标系表示：

$$\begin{bmatrix} x_{\text{flow}} \\ y_{\text{flow}} \end{bmatrix} = \begin{bmatrix} \cos(f_{\text{dir}} + 180°) & -\sin(f_{\text{dir}} + 180°) \\ \sin(f_{\text{dir}} + 180°) & +\cos(f_{\text{dir}} + 180°) \end{bmatrix} \begin{bmatrix} x_{\text{last}} \\ y_{\text{last}} \end{bmatrix} \quad (4.11)$$

队列中 LCDP 的优先级由 LCDP 点的 x_{flow} 来确定，x_{flow} 的值越小，其优先级越高，最小的 x_{flow} 具有最高的优先级。

SIZ_F 算法利用如下的迭代算法估计源头的位置：

① SIZ_F 计算队列中所有 LCDP 中最上游的 LCDP $\left(x_{\text{last}}^{(m)}, y_{\text{last}}^{(m)}\right)$；

② SIZ_F 寻找队列中所有 LCDP 中距离 $\left(x_{\text{last}}^{(m)}, y_{\text{last}}^{(m)}\right)$ 距离最远的 LCDP，记为 $p_{\max}$，二者之间的距离 $D_{\max}$ 为：

$$D_{\max} = \max\left\{ \sqrt{\left(x_{\text{last}}^{f(i)} - x_{\text{last}}^{(m)}\right)^2 + \left(y_{\text{last}}^{f(i)} - y_{\text{last}}^{(m)}\right)^2} \right\} \quad i = 1, 2, \cdots, N_{\text{all}} \quad (4.12)$$

式中，上标 $f()$ 表示队列中的 LCDP 按照 AUV 最近测量的逆流方向排序，N_{all} 为 AUV 在追踪化学羽流过程中生成的 LCDP 总数。

在 SIZ_F 算法中，定义一个常数 ε_{F}，如果 $D_{\max}$ 大于 ε_{F}，则 SIZ_F 从生成的 LCDP 集合中删除 $p_{\max}$。当队列中所有剩余的 LCDP 距离 $\left(x_{\text{last}}^{(m)}, y_{\text{last}}^{(m)}\right)$ 都小于 ε_{F} 时，该计算过程终止。如果剩余的 LCDP 的数量大于算法中的常数 $N_{\min}$，则 SIZ_F 估计队列中最上游的 LCDP 作为羽流的源头位置，图 4.13 中的 $\left(x_{\text{last}}^{f(1)}, y_{\text{last}}^{f(1)}\right)$ 即为源头位置。

SIZ_F 算法有两个可调参数：距离参数 ε_{F} 和整数 $N_{\min}$，其中 $N_{\min}$ 表示 SIZ_F 算法中用于源头定位所需的 LCDP 的数量的最小值。

SIZ_F 算法的伪代码如表 4.2 所示。

表 4.2　SIZ_F 算法的伪代码

ALGORITHM SIZ_F ($Q[1,\cdots,N_{\text{all}}]$ **)**

//Identifying the source location by **SIZ_F** algorithm

//Input: Priority queue $Q[1,\cdots,N_{\text{all}}]$

//Output: Status of source identification

    if ($N_{\text{all}} \geqslant N_{\text{ini}}$)

        Sort Q in the order of the current up-flow direction

        $L[1,\cdots,\ N_{\text{all}}] \leftarrow Q[1,\cdots,\ N_{\text{all}}]$; $n_1 \leftarrow N_{\text{all}}$ // L is a list

        status $\leftarrow$ **false**

        while $n_1 \geqslant N_{\text{min}}$ **do**

            Calculate $\left(x_{\text{last}}^{(m)}, y_{\text{last}}^{(m)} \right)$ of all **LCDP**s in the priority queue;

            Find p_{max} with D_{max}

            if $D_{\text{max}} > \varepsilon_F$

                remove p_{max} from L; $n_1 \leftarrow n_1 - 1$

        else

            status $\leftarrow$ **true**; **break**

            if status = **true**

                return $\left(x_{\text{last}}^{f(1)}, y_{\text{last}}^{f(1)} \right)$ as the source location

            else

                return no source location identified

    else

        return no source location identified

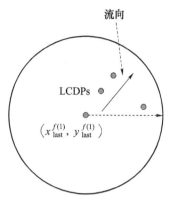

图 4.13　SIZ_F 算法示意图

4.3.3　源头定位算法计算机仿真

利用第 3 章介绍的仿真环境对源头定位算法进行仿真分析。仿真中，仿真的区域设置为 $[0,100]\,\mathrm{m} \times [-50,50]\,\mathrm{m}$，源头的位置为（20,0）m，平均流速为 1 m/s，平均流向为水平向右，仿真计算步长为 0.01 s。仿真中，AUV 的动力学模型采用美国研发的 REMUS AUV 的动力学模型，AUV 在区域中搜索羽流的速度设置为 2 m/s，AUV 追踪羽流的航行速度设置为 1 m/s，AUV 在执行 Reacquire-Plume 行为时的速度设置为 1.4 m/s。在仿真分析中，定义通过算法估计得到的羽流的源头位置与真实的羽流源头位置之间的误差小于 10 m，则该定位是有效的。

在仿真中，SIZ_T 算法的参数设置为 $\varepsilon_{\mathrm{T}} = 6\,\mathrm{m}$，$N_{\mathrm{dec}} = 6$；SIZ_F 算法的参数设置为 $\varepsilon_{\mathrm{F}} = 6\,\mathrm{m}$，$N_{\mathrm{min}} = 6$。共进行了两组实验，每组进行 1 000 次的实验，每组实验中 AUV 分别从不同的初始位置开始进行化学羽流追踪任务，初始位置分别为（40,20）m 和（80,−30）m。

图 4.14 为通过算法估计得到的羽流源头位置与真实的羽流源头位置之间的误差统计分布。从结果可以看出，SIZ_F 算法具有更好的定位精度，在 1 000 次的仿真计算中，80%以上的定位误差小于 2 m。而对于 SIZ_T 算法，仅约 10%的源头定位误差小于 2 m。

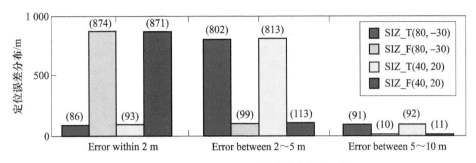

图 4.14　SIZ_T 和 SIZ_F 算法仿真结果比较

SIZ_F 算法的参数 ε_F，N_{min}，N_{ini} 对算法的性能具有重要影响。通过仿真分析，得到算法参数设计的结论如下：

① 较高的定位成功率，需要较长的定位时间。在实际的应用中，定位的成功率是更为重要的。在此，推荐采用 $N_{min}=4$ 或者 $N_{min}=5$，因为更大的 N_{min} 不能显著地提高定位的精度，但却增加了任务的时间。

② 更大的 ε_F 使源头定位的速度更快，但是会降低定位的成功率。当估计的羽流的宽度超过 4 m 时，建议 $\varepsilon_F=5$ m 或者 $\varepsilon_F=6$ m，该参数设置可实现定位时间小于 min 量级且实现定位成功率超过 90% 的效果。

4.4　近岸海洋环境实验

4.2 节所述的化学羽流追踪算法在 REMUS AUV 上实现，并于 2002 年 11 月在美国 San Clemente 岛进行了罗丹明化学羽流追踪实验。本节对该实验进行介绍。

REMUS 自主水下机器人由美国伍兹霍尔海洋研究所（Woods Hole Oceanography Institute）的 Oceanographic Systems Laboratory 研发。REMUS 自主水下机器人如图 4.15 所示，REMUS AUV 的最大工作深度为 100 m，航行的速度范围为 0.25～2.8 m/s 之间。该 AUV 具有小而轻便、具有较高导航精度和数据精度的特点。

图 4.15　REMUS 自主水下机器人[86]

实验用的 REMUS AUV 安装有多种传感器，包括测量其高度、深度、经纬度、艏向角、速度的传感器、测量罗丹明化学物质的荧光计，以及测量水文环境的温盐深（CTD）传感器。

实验中，REMUS AUV 配置两台 PC-104 计算机。第一台计算机实施标准的 REMUS AUV 推进、控制、导航和传感器的数据处理算法。第二台计算机（Adaptive Mission Planner，AMP）负责中断预编程的 REMUS AUV 任务，然后执行化学羽流追踪任务。该 AMP 计算机通过串口通信发送包括指令艏向角、速度到 REMUS AUV 的第一台计算机中。

为了保障化学羽流追踪过程中 REMUS AUV 的安全，AMP 还实施安全控制。当 REMUS AUV 在羽流追踪过程中航行到达设定的矩形任务区域的边界后，AMP 控制 REMUS AUV 重新返回到区域内，阻止机器人运动超出设定的矩形搜索区域。并且，如果在任何时刻，REMUS AUV 的位置超出航行区域以外 30 m，则 AMP 就会终止任务，REMUS AUV 重新回到预编程的任务。

在实验期间，利用置于海面以下约 20 m 深度处海底的水泵释放罗丹明形成化学羽流供 AUV 进行追踪，释放罗丹明的速度设置为 1～2 g/min，形成的羽流如图 4.16 所示。

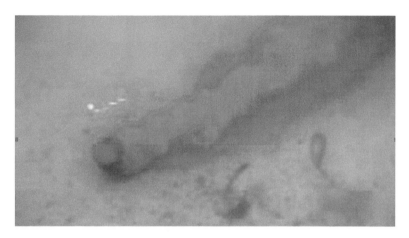

图 4.16　释放罗丹明形成的水下化学羽流

　　该实验期间，一共进行了 17 次实验。其中，有 10 次实验由于多种原因没有成功，有 7 次实验成功。

　　对于编号为 MSN007r1～MSN009 的成功实验，任务区域为 254 m×112 m 的矩形。对于编号为 MSN010r1～MSN010r3 的成功实验[①]，任务区域为 300 m×112 m 的矩形。图 4.17～图 4.19 为编号 MSN007r2、MSN008r1、MSN010r2 的三次化学羽流追踪实验结果。

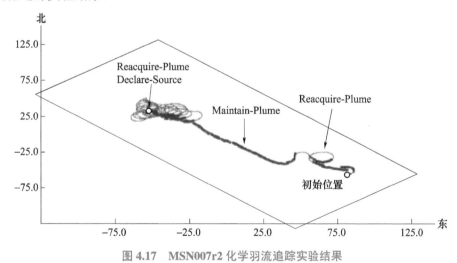

图 4.17　MSN007r2 化学羽流追踪实验结果

---

① 实验编号为 MSN001～MSN010，在每个实验中，又以后缀 r_1 ～ r_3 区分实验条件。

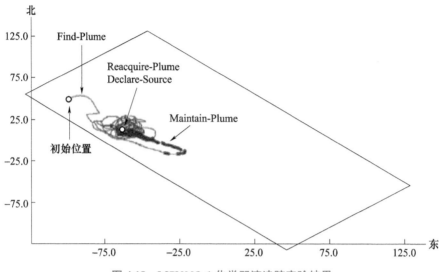

图 4.18　MSN008r1 化学羽流追踪实验结果

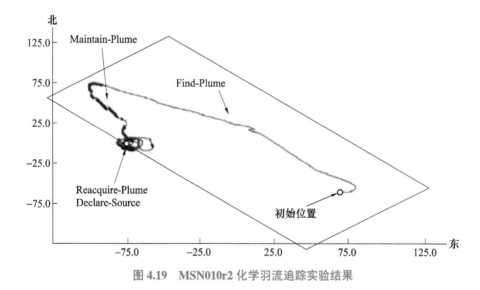

图 4.19　MSN010r2 化学羽流追踪实验结果

图 4.17～图 4.19 中，矩形表示任务区域，仕 AUV 的航行轨迹上加粗位置表示在该位置 AUV 检测到化学羽流。注意，在实际实验中，AUV 的航迹应该是时间的连续函数；但是，如图 4.19 所示，计算得到的 AUV 的航迹发生了不连续的

变化，这是由于 AUV 采用声学长基线导航对其位置修正引起的。

图 4.20 为 MSN007r2 羽流追踪实验期间，AUV 测量的流速和流向随时间变化的情况，其变化范围分别为［0.08, 0.12］m/s 和［124°, 146°］。

上述实验结果表明，本章研发的化学羽流追踪算法可以实现 AUV 在复杂海洋环境中对化学羽流的长距离追踪。

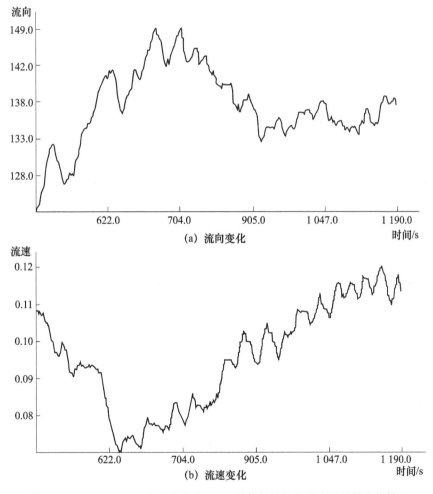

图 4.20　MSN007r2 羽流追踪实验 AUV 采集的流向和流速随时间变化情况

4.5　基于视觉的羽流源头确认

在上述的 AUV 化学羽流追踪算法中，采用 AUV 检测到的化学羽流信息。对羽流源头的位置进行估计。对于诸多 AUV，通常会安装声呐和视觉传感器。因此，AUV 可以利用声呐或者视觉传感器感知的信息对利用化学感知信息估计得到的羽流源头做进一步的确认。文献 [73] 针对 AUV 在基于化学传感器信息定位羽流源头后，利用侧扫声呐对源头进行定位和确认，控制 AUV 在估计得到的羽流源头位置附近进行覆盖运动以收集侧扫声呐信息。图 4.21 为 AUV 运动路径示意图，其中 L1～L4 测线垂直于流向，L5～L8 测线平行于流向，测线执行的顺序为 L1、L3、L2、L4、L5、L7、L6、L8。

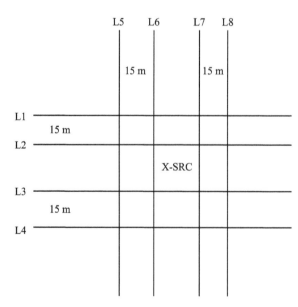

图 4.21　AUV 利用侧扫声呐收集羽流源头信息的测线

视觉是机器人的重要环境与目标感知手段。在基于陆地移动机器人的化学羽流追踪研究中，研究人员也研究了融合视觉感知信息的羽流追踪和源头定位，如文献［109－110］利用视觉信息来判断羽流源头的位置和方向，或利用视觉信息对疑似源头进行确认。文献［111］针对 AUV 利用视觉感知信息对基于化学感知信息估计得到的羽流源头进行确认，重点研究从如图 4.22 所示的 AUV 拍摄的羽流源头照片中辨识出羽流源头，本节对其进行简要介绍，详细实现请参考文献［111］。

图 4.22　AUV 拍摄的羽流源头照片

与陆地环境相比，在海洋环境中光的传播会受到海水散射、衍射和吸收等的影响，AUV 在海洋环境中获取的图像不仅模糊，而且色彩也不是经过良好定义的。为了应对这种不确定性，使用基于模糊逻辑的算法来分割如图 4.22 所示的罗丹明化学羽流和它的源头[111]。

在该研究中，图像的颜色在 RGB 空间中描述。每一个像素的颜色 $p(m,n)$ 由 $p(m,n)_{\mathrm{RGB}}$ 表示，并包含红、绿、蓝色成分：$\{p(m,n)_{\mathrm{R}}, p(m,n)_{\mathrm{G}}, p(m,n)_{\mathrm{B}}\}$。为了实现颜色的分割，研发基于模糊逻辑的图像提取器，基于 $p(m,n)_{\mathrm{RGB}}$ 与定义的颜色模式（CP 或 $\mathrm{CP}_{\mathrm{RGB}}$）之间的差别来提取一簇颜色。在 $p(m,n)_{\mathrm{RGB}}$ 和 $\mathrm{CP}_{\mathrm{RGB}}$ 之

间的颜色组分差别由下式计算：

$$\begin{cases} \mathrm{dif}(m,n)_\mathrm{R} = p(m,n)_\mathrm{R} - \mathrm{CP_R} \\ \mathrm{dif}(m,n)_\mathrm{G} = p(m,n)_\mathrm{G} - \mathrm{CP_G}, \quad 0 \leqslant m < M, 0 \leqslant n < N \\ \mathrm{dif}(m,n)_\mathrm{B} = p(m,n)_\mathrm{B} - \mathrm{CP_B} \end{cases} \tag{4.13}$$

其中，M 和 N 表示图像阵列的尺度。

对 $\mathrm{dif}(m,n)_\mathrm{R}$、$\mathrm{dif}(m,n)_\mathrm{G}$ 和 $\mathrm{dif}(m,n)_\mathrm{B}$ 应用如下的模糊规则：

```
If  dif(m,n)_R and dif(m,n)_G and dif(m,n)_B are Zero
Then   p(m,n) is Matched
If  dif(m,n)_R or dif(m,n)_G or dif(m,n)_B is Negative or Positive
Then   p(m,n) is Unmatched
```

这两条规则都表示，如果 $p(m,n)_\mathrm{RGB}$ 和 $\mathrm{CP_{RGB}}$ 沿 RGB 坐标系统的三个轴的距离足够小，则属于对象的像素 $p(m,n)$ 就被提取出来；否则，$p(m,n)$ 不属于对象。

基于该规则，研发了迭代进行的基于模糊逻辑的颜色分隔算法，其对如图 4.22 所示的罗丹明羽流和它的源头分隔结果如图 4.23 所示。

图 4.23　罗丹明羽流和它的源头的分隔

第 5 章

AUV 基于多传感器和
基于多 AUV 的羽流追踪

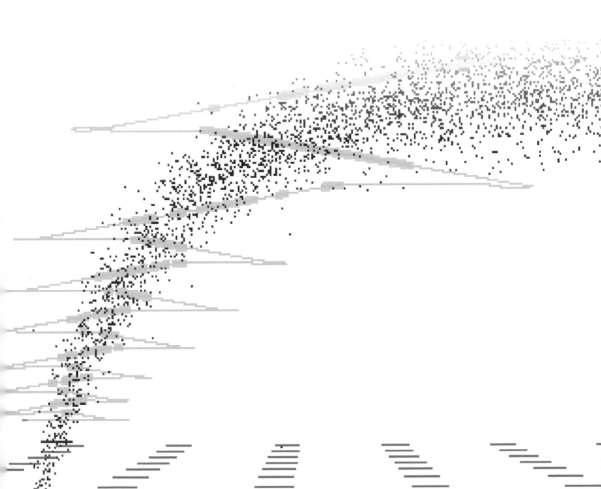

5.1　概　　述

第 4 章介绍了飞蛾行为启发的 AUV 化学羽流追踪算法。该算法中，AUV 主要采用逆流向上的方式追踪化学羽流。但如第 4 章所述，当 AUV 搭载的流速、流向传感器难以精确测量海流方向，或者在如涨潮落潮变化过程中的复杂潮汐环境中紊乱海流的方向难以供算法应用等情况下，依赖于海流方向信息的飞蛾行为仿生羽流追踪算法则难以有效工作。针对该问题，本章以第 4 章介绍的算法为基础，研发一种 AUV 基于双化学传感器信息的化学羽流追踪算法，该算法只利用化学传感器信息而不利用海流信息实施羽流追踪。

在单 AUV 化学羽流追踪的基础上，本章对其扩展，研发多 AUV 协作化学羽流追踪算法，以提高应用 AUV 追踪化学羽流和定位化学羽流源头的效率。

本章接下来分别对 AUV 基于多化学传感器的化学羽流追踪算法和基于多 AUV 协作的化学羽流追踪算法进行介绍。

5.2　化学羽流追踪 AUV 控制结构、制导与控制

在介绍 AUV 羽流追踪算法之前，本节先介绍针对 AUV 化学羽流追踪应用研发的基于行为的控制结构、其中的路径跟踪制导，以及 AUV 的运动控制算法。本章后续介绍的基于多化学传感器的化学羽流追踪算法以及第 6 章、第 7 章介绍的浮力羽流追踪算法和羽流测绘算法均基于本节介绍的控制结构、制导与控制算法。

5.2.1　控制结构

针对 AUV 如深海热液羽流追踪等化学羽流追踪研究和应用，设计如图 5.1 所

示的 AUV 控制系统体系结构[112]。基于行为的 AUV 任务规划器是实现规划算法的软件模块，该模块的输入为传感器的信息，然后基于其规划算法计算并最后输出 AUV 的期望前向速度、期望艏向角（速度）和期望俯仰角（速度）给 AUV 的运动控制模块。

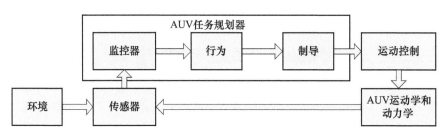

图 5.1　AUV 控制系统体系结构

1. 监控器模块

监控器模块也即行为协调模块，是 AUV 离散事件监督控制器（监控器）的集合。监控器为离散事件驱动的有限状态自动机，其作用是协调 AUV 的行为。监控器中的离散事件分为可控事件和不可控事件：

① 不可控事件为从 AUV 传感器数据中抽象出的事件或 AUV 行为中输出的事件和行为执行结果。

② 可控事件为监控器发出的控制指令。

当某个不可控事件发生时，监控器根据切换策略和当前状态转换到下一个状态，同时做出响应，即发送控制指令到行为模块。

2. 行为模块

行为模块为 AUV 行为（子任务）的集合。AUV 的每个行为对应于监控器模块中的可控事件，因此 AUV 追踪羽流即通过由监控器协调的一系列行为来完成。行为模块中的行为可分为两类：

① 直接控制 AUV 运动的行为，该行为输出制导指令和参数给制导模块，控

制 AUV 的运动。

② 计算行为，如建立环境模型、条件判断和参数估计等，该行为不直接控制 AUV 运动，输出计算结果到该模块中的黑板结构供其他行为调用。

行为模块中的行为被设计成独立的，即某一个行为的修改、增加或删除不影响其他行为和制导模块。

5.2.2　制导函数

制导模块为 AUV 制导函数的集合。在目前研发的羽流追踪任务规划器中，针对 AUV 在三维空间中追踪非浮力羽流和浮力羽流的研究需要，设计了航行到目标点、三维路径跟踪等制导函数。制导函数根据 AUV 当前行为给出的制导参数，计算 AUV 的期望速度、姿态等参考信号，输出给运动控制模块。

该体系结构中，行为协调与行为是相互独立的，而且它们均与 AUV 制导和运动控制相互独立，因此便于研发过程中行为协调策略和行为的更换、修改和扩展，而且行为模块中的行为独立性，也增加了行为的可重用性和可移植性。

在制导模块中，针对 AUV 在三维空间中的追踪羽流，共设计了如下的制导函数：

1. 前向速度制导

前向速度制导函数根据期望的 AUV 合速度 V_{tc}，计算 AUV 的期望前向速度 u_c 为：

$$u_c = \text{Velocity}(V_{tc}) = (V_{tc})\cos\alpha\cos\beta \tag{5.1}$$

式中，α、β 为 AUV 的攻角和漂角。由于 AUV 通常搭载有多普勒速度计程仪（Doppler velocity log，DVL），因此 AUV 可以测量得到其速度向量 $[u, v, w]^T$，因此可以据此计算出其攻角和漂角。

2. 航行到目标点制导

航行到目标点制导函数根据 AUV 的当前位置 (x, y, z) 和期望航行到达的目标位置 (x_d, y_d, z_d)，计算输出 AUV 的期望艏向角 ψ_c 和期望俯仰角 θ_c：

$$\psi_c = \text{GoToPoint}(x_d, y_d, z_d) = \text{atan2}(y_d - y, x_d - x) \tag{5.2}$$

$$\theta_c = \text{GoToPoint}(x_d, y_d, z_d) = \text{atan2}(z_d - z, |x_d - x|) \tag{5.3}$$

式中，atan2(•) 为第四象限反正切函数，$0 \leqslant \psi_c < 2\pi$，$-\pi/2 < \theta_c < \pi/2$。

3. 与流向保持固定角度航行制导

该制导函数根据当前的流向 ψ_f 和期望 AUV 航向与逆流或顺流方向保持的夹角 ψ_u 和 ψ_d，计算输出 AUV 的期望艏向角和期望俯仰角。逆流航行的制导函数为：

$$\psi_c = \text{NavigateUpFlow}(\psi_u, \theta_s) = \psi_f + \pi + \psi_u \tag{5.4}$$

$$\theta_c = \text{NavigateUpFlow}(\psi_u, \theta_s) = \theta_s \tag{5.5}$$

顺流航行的制导函数为：

$$\psi_c = \text{NavigateDownFlow}(\psi_u, \theta_s) = \psi_f + \psi_d \tag{5.6}$$

$$\theta_c = \text{NavigateDownFlow}(\psi_u, \theta_s) = \theta_s \tag{5.7}$$

式中，θ_c 为 AUV 的俯仰角。

4. 三维路径跟踪制导

AUV 在三维空间中追踪浮力羽流的过程中，要求其能够精确地跟踪规划出的三维空间航行路径，以实现对浮力羽流的有效追踪。而目前的 AUV 路径跟踪制导和控制均以 AUV 跟踪二维水平面航行路径为主，因此，在已有 AUV 二维路径跟踪研究的基础上，本节研发三维路径跟踪制导算法。同时，由于目前绝大多数的调查型 AUV 均采用欠驱动形式，即通常只有 AUV 的前向速度、艏向/俯仰角

（速度）是直接可控的，因此，针对欠驱动 AUV 的三维路径跟踪，设计制导函数 FollowPath(*t*)，其中 *t* 为路径的描述参数。

在设计路径跟踪制导算法之前，需首先计算路径跟踪误差 *E*。参考文献［113］中的研究，在 Serret-Frenet（*SF*）坐标系下描述 AUV 的路径跟踪误差，路径跟踪误差示意图如图 5.2 所示。

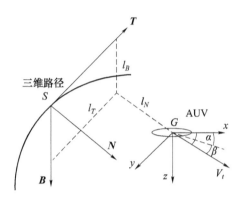

图 5.2　路径跟踪误差示意图

令 *S* 为预规划的三维空间路径 *P* 上的参考点，该路径在参考点 *S* 处的单位切向量 *T*、单位法向量 *N* 和单位次法向量 *B*，在该点处张成直角坐标系 *SF*。以 AUV 重心 *G* 为原点的载体坐标系为 *Gxyz*，绕载体坐标系的 *y* 轴旋转负攻角 −*α* 得到中间坐标系 *W*′，并绕 *W*′ 的 *z* 轴旋转漂角 *β*，得到 AUV 的速度坐标系 *W*，$(\varphi_{WS}, \theta_{WS}, \psi_{WS})$ 为从 *SF* 坐标系到 *W* 坐标系的旋转欧拉角。

AUV 跟踪路径 *P*，即其重心以期望合速度 V_{tc} 跟踪路径参考点 *S*，同时合速度方向跟踪 *SF* 坐标系的 *T* 向量方向。因此，路径跟踪误差包括速度跟踪误差 $e_{V_t}(k) = V_{tc} - V_t$、在 *SF* 坐标系中表示的位置跟踪误差（AUV 的重心位置 *G* 在 *SF* 坐标系中的位置向量）$[l_T, l_N, l_B]^{\mathrm{T}}$ 和角度误差 $[\theta_{WS}, \psi_{WS}]^{\mathrm{T}}$。

AUV 路径跟踪，即控制其合速度 V_t 趋于期望合速度 V_{tc}，同时使位置误差和角度误差全局渐进收敛到零。但对于欠驱动 AUV，只能直接控制 AUV 的前向速度、艏向/俯仰角（速度），因此，不能将路径跟踪误差直接用于反馈控制，需要设计制导算法。

对于前向速度，易设计制导算法：$u_c(k) = V_{tc}\cos\alpha\cos\beta$，对于角度跟踪误差，参考文献[113-114]，引入趋近角 ψ_a 和 θ_a，分别作为 AUV 路径跟踪角度误差 ψ_{WS} 和 θ_{WS} 的参考跟踪信号：

$$\psi_a = -\text{sign}(V_t)\psi_l\left(\frac{2.0}{1.0 + \text{e}^{-k_N l_N}} - 1.0\right) \tag{5.8}$$

$$\theta_a = \text{sign}(V_t)\theta_l\left(\frac{2.0}{1.0 + \text{e}^{-k_B l_B}} - 1.0\right) \tag{5.9}$$

式中，$\text{sign}(\bullet)$ 为符号函数，$0 < \psi_l \leq \pi/2$，$0 < \theta_l < \pi/2$，$k_B > 0$ 和 $k_N > 0$，为设计参数。如果保证 V_t 跟踪 V_{tc}，ψ_{WS} 跟踪 ψ_a，θ_{WS} 跟踪 θ_a，并选取合适的路径参考点 S 的运动速度，则可以保证路径跟踪位置和角度误差全局渐进收敛到零。

证明：

选取 Laypunov 函数：

$$V_E = \frac{1}{2}(l_T^2 + l_N^2 + l_B^2) \tag{5.10}$$

对其求时间导数，有：

$$\dot{V}_E = l_T\dot{l}_T + l_N\dot{l}_N + l_B\dot{l}_B \tag{5.11}$$

式中误差变化速度满足如下关系：

$$R(\varphi_{WS}, \theta_{WS}, \psi_{WS})\begin{bmatrix} V_t \\ 0 \\ 0 \end{bmatrix} = \begin{bmatrix} \dot{s} \\ 0 \\ 0 \end{bmatrix} + \begin{bmatrix} \dot{l}_T \\ \dot{l}_N \\ \dot{l}_B \end{bmatrix} + \begin{bmatrix} \tau\dot{s} \\ 0 \\ \kappa\dot{s} \end{bmatrix} \times \begin{bmatrix} l_T \\ l_N \\ l_B \end{bmatrix} \tag{5.12}$$

其中，$R(\varphi_{WS}, \theta_{WS}, \psi_{WS})$ 为 W 坐标系到 SF 坐标系的旋转变换矩阵；$[V_t, 0, 0]^T$ 为在 AUV 速度坐标系中表示的 AUV 速度向量；$[\dot{s}, 0, 0]^T$ 为路径参考点 S 的在 SF 坐标系中表示的运动速度向量，s 为该路径曲线在 S 点处的弧长；$[\tau\dot{s}, 0, \kappa\dot{s}]^T$ 为 SF 坐标系的旋转角速度，τ 和 κ 分别为该路径曲线在参考点 S 处的挠率和曲率。

展开式（5.12）并整理，可得位置误差微分方程：

$$\dot{l}_T = \cos\psi_{WS}\cos\theta_{WS}V_t - \dot{s}(1 - \kappa l_T) \tag{5.13}$$

$$\dot{l}_N = \sin\psi_{WS}\cos\theta_{WS}V_t - \dot{s}(\kappa l_T - \tau l_B) \tag{5.14}$$

$$\dot{l}_B = -\sin\psi_{WS}V_t - \dot{s}\tau l_N \tag{5.15}$$

将位置误差微分方程（5.13）～（5.15）代入式（5.11）中，并选取 $\dot{s}$ 为：

$$\dot{s} = \cos\psi_{WS}\cos\theta_{WS}V_t + k_s l_T \tag{5.16}$$

式中，$k_s > 0$，为一设计参数。可得：

$$\dot{V}_E = -k_s l_T^2 + V_t l_N \ \sin\psi_{WS}\cos\theta_{WS} - V_t l_B \sin\theta_{WS} \tag{5.17}$$

假设 $V_t > 0$，并且设计控制器以保证当 $t \to \infty$ 时，$\theta_{WS} = \theta_a$ 和 $\psi_{WS} = \psi_a$，则 $\dot{V}_E < 0$ 和 $\ddot{V}_E$ 有界，应用 Barbalat 引理的推论[115]可以证明当 $t \to \infty$，$\dot{V}_E = 0$。应用 LaSalle 不变集原理，可以证明如果设计控制器保证当 $t \to \infty$ 时，$V_t = V_{tC} > 0$，$\theta_{WS} = \theta_a$ 和 $\psi_{WS} = \psi_a$，并选取 $\dot{s}$ 为式（5.16）时，$[l_T, l_N, l_B]^T$ 和 $[\psi_{WS}, \theta_{WS}]^T$ 全局渐进收敛到零。

由于绝大多数的 AUV 不对横滚角度实施主动控制，而是通过外形、稳心高和舵翼等设计使其在航行中保持一个小值，因此，在此近似其为零，则趋近角跟踪误差可近似为：

$$\begin{aligned}\psi_a(k) - \psi_{WS}(k) &\approx \psi_a(k) - (\psi(k) + \beta(k) - \psi_{SF}(k)) \\ &= \psi_a(k) - \beta(k) + \psi_{SF}(k) - \psi(k)\end{aligned} \tag{5.18}$$

$$\begin{aligned}\theta_a(k) - \theta_{WS}(k) &\approx \theta_a(k) - (\theta(k) - \alpha(k) - \theta_{SF}(k)) \\ &= \theta_a(k) + \alpha(k) + \theta_{SF}(k) - \theta(k)\end{aligned} \tag{5.19}$$

式中，ψ_{SF} 和 θ_{SF} 为 SF 坐标系的 **T** 方向在大地坐标系中的姿态角，则路径跟踪制导算法设计为：

$$\psi_c(k) = \psi_a(k) - \beta(k) + \psi_{SF}(k) \tag{5.20}$$

$$\theta_c(k) = \theta_a(k) + \alpha(k) + \theta_{SF}(k) \tag{5.21}$$

5.2.3　混合模糊 P+ID 控制

实施 AUV 准确的运动控制是 AUV 实现期望化学羽流追踪性能的基础。本节介绍一种混合模糊 P+ID 控制算法，为应用 AUV 进行化学羽流追踪的运动控制提供支撑。

针对 AUV 的运动控制，已经开展了大量的研究工作，研究人员提出并研究了多种基于和不基于 AUV 动力学模型的运动控制方法和控制算法，如自适应控制、滑模控制、鲁棒控制、模糊控制、神经网络控制等，但多是由于控制算法的参数调节和稳定性分析复杂度较高，制约了研究成果的广泛应用。PID 控制由于其结构简单、参数调节容易，并且其性能在许多场合中也可以被接受，因此 PID 控制仍然是 AUV 研发和操作人员广泛采用的方法。然而，考虑到 PID 为线性而 AUV 动力学和复杂环境干扰均为非线性，本节研发一种混合模糊 P + ID 控制方法，采用模糊控制取代 PID 控制中的比例项，以提升 AUV 的基于 PID 控制的性能。

AUV 运动的 PID 控制通常是每个自由度采用一个独立的 PID 控制器，控制输入为该自由度 k 时刻的控制偏差 $e(k) = r(k) - x(k)$ 和该自由度的变化速度 $\dot{x}(k) = (x(k) - x(k-1)) / T$，其中 $r(k)$ 为给定的参考值，$x(k)$ 为实际值，T 为控制周期，控制输出为该时刻对应的执行机构控制指令 $u(k)$，采用离散形式的 PID 控制算法，为：

$$u(k) = K_P e(k) + K_I \sum_{i=1}^{k} e(i)\, T - K_D \dot{x}(k) \qquad (5.22)$$

式中，K_P、K_I 和 K_D 分别为比例、积分、微分系数，式中采用 $-\dot{x}(k)$ 代替 $\dot{e}(k)$ 以避免系统启动时 $\dot{e}(k)$ 较大而产生大的微分项输出。PID 控制的三个参数可以通过基于 AUV 动力学模型的计算分析来获得，但获取精确的模型参数特别是水动力系数并不容易，所以更多的是在实际应用中 AUV 的操作人员在现场进行手动调节，直到获得使系统稳定且满足性能要求的一组参数。

在常规的 PID 控制中，积分项的作用主要是减小控制系统的稳态误差；微分项的作用主要是增加系统阻尼，使控制响应平滑，改善系统的稳定性；而比例项则影响系统响应的快速性、超调、控制精度和稳定性等性能，是 PID 控制中的重要部分。文献 [116] 提出采用增量式模糊控制器取代常规增量式 PID 控制中的比例项，并保持常规的积分和微分项不变，得到一种混合模糊 P+ID 控制算法，以提高 PID 的控制性能。

在本节中，提出一种新的混合模糊 P+ID 控制算法，采用单输入模糊逻辑控制器取代常规数字 PID 控制中的比例项，保持积分和微分项不变，控制算法为：

$$u(k) = K_P u_f(k) + K_I \sum_{i=1}^{k} e(i)T - K_D \dot{x}(k) \tag{5.23}$$

其中，$u_f(k)$ 为单输入模糊控制器的输出。

单输入模糊控制器以 k 时刻归一化的滑动误差 $SE^*(k) = SE(k)/G_e$ 为输入，以归一化的控制输出 $u_f^*(f) = u_f(k)/G_u$ 为输出，G_u 和 G_e 分别为滑动误差和控制输出的归一化因子，滑动误差 $SE(k)$ 定义为[117]：

$$SE(k) = \lambda e(k) + (1-\lambda)\dot{e}(k) \tag{5.24}$$

式中，$0 < \lambda \leqslant 1$，为对误差和误差变化率的加权系数。

如果将 $SE^*(k)$ 和 $u_f^*(f)$ 分别划分为五个量化等级，分别对应于正大(PB)、正中（PM）、零（ZO）、负中（NM）、负大（NB）五个模糊语言变量，制定模糊控制规则如下：

Rule 1: if　$SE^*(k)$　is PB，then　$u_f^*(f)$　is NB

Rule 2: if　$SE^*(k)$　is PM，then　$u_f^*(f)$　is NM

Rule 3: if　$SE^*(k)$　is ZO，then　$u_f^*(f)$　is ZO

Rule 4: if　$SE^*(k)$　is NM，then　$u_f^*(f)$　is PM

Rule 5: if　$SE^*(k)$　is NB，then　$u_f^*(f)$　is PB

对输入和输出选取全交叠的三角形隶属函数形式，采用重心法作为解模糊化方法，通过调节输入和输出语言变量的隶属度函数，可以得到不同的控制器输入 $SE^*(k)$-输出 $u_f^*(f)$ 关系曲线。从该单输入模糊控制器的输入输出关系曲线可以看出，其形式可以近似为折线，当量化等级越多，该折线则越平滑，并可以由曲线来近似。

因此，为了便于分析和设计，采用解析式来描述该模糊控制器，采用 Sigmoid 函数曲线近似该模糊控制器的 $\mathrm{SE}^*(k) - u_f^*(f)$ 关系曲线[118]，则该模糊控制器的输出为：

$$u_f^*(f) = \frac{2.0}{1.0 + \exp(-K \times \mathrm{SE}^*(k))} - 1.0 \tag{5.25}$$

式中，K 为调节 Sigmoid 曲线形状的参数，也即为调节该模糊控制器的参数。因此，提出的混合模糊 P + ID 控制算法为：

$$u(k) = K_P G_u \left(\frac{2.0}{1.0 + \exp(-K \times \mathrm{SE}^*(k))} - 1.0 \right) + K_I \sum_{i=1}^{k} e(i)T - K_D \dot{x}(k) \tag{5.26}$$

为了验证控制算法的性能，采用 REMUS AUV 的动力学模型[119,120]进行三维路径跟踪控制和混合模糊 P + ID 控制算法仿真。仿真中，令 AUV 以 1.5 m/s 的合速度跟踪三维空间螺旋线：

$$\begin{cases} x = 15\cos t \\ y = 15\sin t \\ z = t \end{cases} \tag{5.27}$$

仿真中艏向角和俯仰角 PID 控制器参数均为 $K_P = 2.0$、$K_D = 2.2$ 和 $K_I = 1.0$，其中积分项只在误差小于 5° 时引入；在此基础上调节得到的艏向角和俯仰角混合模糊 P + ID 控制器的附加参数均为 $K = 5$、$\lambda = 0.9$、$G_e = 10\pi/180$ 和 $G_u = 0.35$。设计和调节得到的路径跟踪制导函数参数为：$\psi_l = \pi/2$、$\theta_l = \pi/6$、$k_N = k_B = 0.3$。仿真周期和 AUV 的控制周期均为 0.1 s，仿真时间为 100 s，AUV 的初始状态为 $\boldsymbol{\eta} = [0,0,0,0,0,0]^T$ 和 $\dot{\boldsymbol{\eta}} = [0,0,0,0,0,0]^T$。

分别对设计的制导函数、PID 和混合模糊 P + ID 控制进行仿真，结果如图 5.3 和图 5.4 所示。图 5.3 左图为 AUV 的路径跟踪轨迹，右图为俯视图；图 5.4 为 AUV 重心距离路径参考点 S 的距离。仿真结果表明了基十混合模糊 P + ID 的欠驱动 AUV 路径跟踪控制系统具有很好的性能。

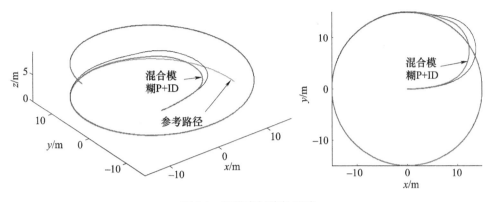

图 5.3 三维空间路径跟踪

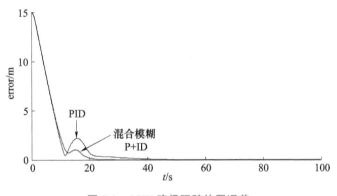

图 5.4 AUV 路径跟踪位置误差

5.2.4 湖上实验

为了对研发的控制结构以制导函数以及基于其实现的羽流追踪算法进行验证，在沈阳棋盘山水库进行了 AUV 路径跟踪以及虚拟羽流追踪的实验。实验用的 AUV 为中国科学院沈阳自动化研究所研发的小型 AUV[121]，如图 5.5 所示。

该 AUV 运行 MOOS（mission orientated operating suite）操作系统。我们将上述设计的任务规划器、设计的制导函数以及飞蛾行为仿生的羽流追踪算法实现到该 AUV 上，验证策略和算法在真实 AUV 上运行的有效性。

图 5.5　实验用的小型 AUV

　　图 5.6 为 AUV 利用设计的路径跟踪制导函数跟踪五叶曲线的实验结果；图 5.7 为 AUV 利用飞蛾行为仿生羽流追踪算法追踪虚拟化学羽流的实验结果（即羽流探测传感器数据为由在 AUV 上运行的羽流仿真程序计算得到）。通过以上实验，验证了本节所介绍的体系结构、规划、制导等方法和算法在真实 AUV 上实现的有效性。本书后续介绍的羽流追踪和测绘算法研发均以本节介绍的内容为基础。

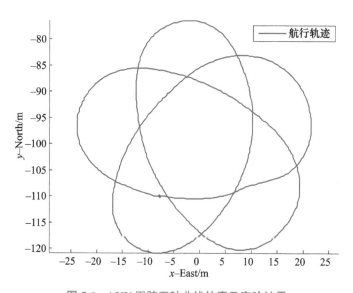

图 5.6　AUV 跟踪五叶曲线仿真及实验结果

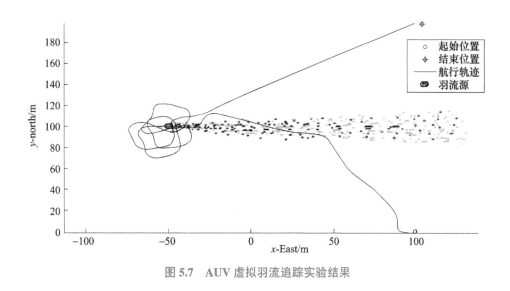

图 5.7　AUV 虚拟羽流追踪实验结果

5.3　基于双化学传感器的仿生羽流追踪算法

针对依赖于海流信息的飞蛾行为仿生羽流追踪算法对海流信息依赖的技术局限，本节介绍一种 AUV 仅基于双化学传感器信息的仿生羽流追踪算法。

5.3.1　追踪策略

对于化学羽流追踪研究，已有相关的利用传感器阵列或者多化学传感器的化学羽流追踪策略和算法被研发并进行了测试。从多个化学传感器获取的信息可以用来估计如羽流的浓度梯度信息、羽流的边界或者羽流的中心线，这些信息可以单独使用或者与流向信息相结合来引导羽流追踪机器人沿着羽流运动并到达羽流的源头位置。本节中，使用在 AUV 艏部对称安装的一对化学传感器的信息，如图 5.8 所示，结合 AUV 追踪羽流的"之"字形的运动路径，来估计羽流的中心线。因此，AUV 能够沿着估计得到的羽流中心线追踪羽流，进而代替了海流的方向。

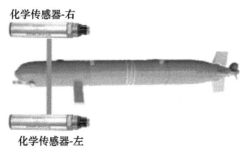

化学传感器-右

化学传感器-左

图 5.8　安装双化学传感器的 AUV 示意图

　　如图 5.9 所示，化学羽流沿着流的方向发展，其中虚线表示羽流的中心线。AUV 的艏部左右两侧各安装一个化学传感器，其左侧的化学传感器和它的读数记为 S_L 和 $C(S_L)$，其右侧的化学传感器和它的读数记为 S_R 和 $C(S_R)$。当 AUV 利用模仿飞蛾行为的化学羽流追踪算法追踪化学羽流时，若 AUV 检测到化学羽流，AUV 转换到 Track-In 行为，并沿与逆流方向有一定偏角的方向追踪羽流。当 AUV 在垂直于羽流的方向从左向右运动并到达羽流中心线的右侧时，在 AUV 路径上的位置如 (x_1, y_1)，S_L 相对于 S_R 既在上游的方向更接近羽流的源头，同时又更接近羽流的中心线，因此 $C(S_L)$ 大于 $C(S_R)$ 的概率应该大于 $C(S_L)$ 小于 $C(S_R)$ 的概率（考虑到羽流的分布符合高斯羽流模型）。相应的，当 AUV 在横流方向上从右侧向左侧运动过程中，在 AUV 运动路径上的点如 (x_2, y_2)，S_R 相对于 S_L 更接近羽流

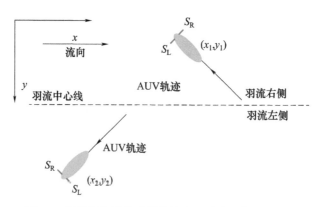

图 5.9　基于双化学传感器的仿生羽流追踪策略示意图

的源头和羽流的中心线。因此 $C(S_R) > C(S_L)$ 的概率应该比 $C(S_R) < C(S_L)$ 的概率大。因此，基于 AUV 横流方向运动的方向和两个化学传感器的读数的统计数据，能够估计 AUV 相对于羽流中心线的位置。

在 Track-In 行为中，一旦 AUV 估计到它已经运动到了羽流的一侧，则控制 AUV 改变其横过羽流的运动方向，使 AUV 横过羽流并到达羽流中心线的另外一侧。通过重复该过程，当追踪羽流时，AUV 相对于羽流的中心线进行往复的运动并显示出"之"字形的运动路径，并且该路径能够覆盖住羽流的中心线。

5.3.2　羽流追踪算法设计

基于上述思想和受飞蛾行为启发的化学羽流追踪策略，使羽流追踪算法包括羽流中心线方向的估计，并使 AUV 沿着估计得到的羽流中心线的方向运动。相应的，仅基于双化学传感器信息的羽流追踪算法中的各个行为 Find-Plume、Track-In、Track-Out、Reacquire-Plume、Declare-Source 介绍如下。

1. Find-Plume 行为

Find-Plume 行为控制 AUV 利用"之"字形的运动路径对定义的整个运行区域进行搜索。在本节中，羽流追踪的任务区域为待追踪的羽流区，并且其 x 轴与假设的羽流发展方向相平行，该方向的估计基于先验信息。然后，将 x 轴的方向作为 Find-Plume 行为所采用的平均流的方向。当 AUV 利用搭载的两个化学传感器或者其中的任何一个化学传感器检测到化学羽流后，则 AUV 转换到 Track-In 行为。

如前所述，在实际应用中，大多数的 AUV 都是欠驱动的。为了控制欠驱动的 AUV 能够高效地执行化学羽流追踪策略，采用三维路径跟踪制导算法，控制欠驱动 AUV 跟踪三维空间的运动路径，因此能够控制 AUV 的运动方向。在 Find-Plume 和以下介绍的其他行为中，利用路径跟踪制导算法来计算 AUV 的期望艏向角 ψ_c，来控制 AUV 的运动方向，使 AUV 能够实现规划出来的羽流追踪行为。在本节的以下所有行为中，AUV 的速度 v_c 设置为一个常数。

2. Track-In 行为

当 AUV 搭载的任何一个化学传感器检测到化学羽流时，Track-In 行为被激活。在本章的仅基于双化学传感器信息的化学羽流追踪算法中，Track-In 行为实现羽流中心线的方向估计 CL_{dir}，并引导 AUV 采用"之"字形的运动路径沿着估计得到的羽流中心线的方向 $\widetilde{CL}_{dir}$ 追踪羽流。Track-In 行为示意图如图 5.10 所示。

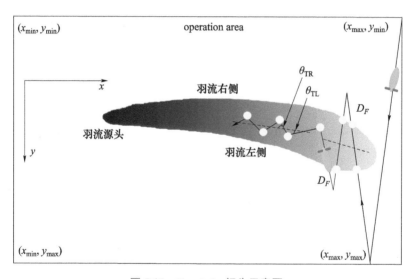

图 5.10　Track-In 行为示意图

在 Track-In 行为中，定义两个子行为：Track-In-to-Right 和 Track-In-to-Left。Track-In-to-Right 利用路径跟踪制导，引导 AUV 沿着一条直线运动追踪羽流，该直线的起点设置为 AUV 转换到该行为的位置，该直线的追踪方向（也即为 AUV 的运动方向）设定为相对于估计得到的羽流中心线的方向 $\widetilde{CL}_{dir}$ 所具有一个偏角 θ_{TR}（$\theta_{TR}>0$），使 AUV 在横 $\widetilde{CL}_{dir}$ 方向从左向右运动。相应的，Track-In-to-Left 引导 AUV 以相对于 $\widetilde{CL}_{dir}$ 偏角 θ_{TL}（$\theta_{TL}<0$）运动追踪羽流，使 AUV 沿着横 $\widetilde{CL}_{dir}$ 的方向从右向左运动追踪羽流。

当 AUV 从 Find-Plume 行为转换到 Track-In 行为时,为了使 Track-In-to-Right 或者 Track-In-to-Left 工作,需要一个羽流中心线方向的初始估计值。如果不能在化学羽流追踪任务前通过关于羽流分布的先验信息给出初始的估计值 CL_{dir},在 Track-In 行为中也设计了一个自适应的羽流测绘子行为,以产生一个 CL_{dir} 的初始估计值。该测绘行为继续进行 Find-Plume 行为所采用的"之"字形运动模式,并且包含两条羽流测绘测线。在第一条测线中,当 AUV 从羽流的一侧边界离开羽流一个预定义的距离 D_F 后,AUV 转换其横过羽流的运动方向,返回到羽流的内部并继续进行第二条测线。当 AUV 完成这两条测线后,可以得到如图 5.10 所示的在羽流边界上的 4 个点 $[(x_{min}, y_{max})、(x_{max}, y_{min})、(x_{min}, y_{min})、(x_{max}, y_{max})]$。然后,利用这 4 个点及利用最小二乘方法估计出来的直线作为羽流的中心线方向。

当 AUV 完成羽流测绘任务并得到了 CL_{dir} 的估计值后,Track-In-to-Right 和 Track-In-to-Left 行为中的一个行为被激活,激活哪个行为取决于 AUV 横穿羽流的追踪羽流的方向,以使 AUV 继续沿着该方向向羽流的内部运动以追踪羽流。图 5.10 中,对于第一个 Track-In-to-Right 和 Track-In-to-Left 行为,θ_{TR} 和 θ_{TL} 为 Track-In 行为中的预定义的参数。

当 Track-In-to-Right 或者 Track-In-to-Left 行为激活后,AUV 开始记录这两个化学传感器的读数 $C(S_R)$ 和 $C(S_L)$,记录 s 秒,该记录时间也为 Track-In 行为的一个设计参数。当 AUV 在 Track-In 行为中保持时间超过 s 秒后,该 AUV 记录最近 s 秒的化学传感器的读数。然后,对于每一个化学传感器,共记录了 $s \times f$ 个传感器读数,其中 f 为化学传感器的采样频率。进而 $\sum\limits_{i=1}^{s \times f}[C(S_L)_i > C(S_R)_i]$ 或者 $\sum\limits_{i=1}^{s \times f}[C(S_R)_i > C(S_L)_i]$ 可以被计算。

当 AUV 利用 Track-In-to-Right 行为追踪羽流时,如果满足 $\sum\limits_{i=1}^{s \times f}[C(S_L)_i > C(S_R)_i] > [(s \times f) / p_T]$($p_T$ 是 Track-In 行为的一个设计参数,并且 $1 < p_T < 2$)则说明在最后 s 秒的 AUV 航行路径上,有超过一半的路径满足该条件,即全部的或者部分的 Tr_s(Tr_s 表示该路径)在羽流中心线右侧的概率要高于 Tr_s 在羽流中心线左侧的概率,因此当前 AUV 的位置估计为"在羽流中心线的右侧"。相应的,当 AUV

利用 Track-In-to-Left 行为追踪羽流并且满足 $\sum_{i=1}^{s \times f}[C(S_R)_i > C(S_L)_i] > [(s \times f) / p_T]$，则当前 AUV 的位置估计为"在羽流中心线的左侧"。

当 AUV 在进行 Track-In-to-Right 行为并且 AUV 估计到其位于羽流中心线的右侧后，则 AUV 转换到 Track-In-to-Left 行为；当 AUV 在进行 Track-In-to-Left 行为并且估计到其位于羽流中心线的左侧后，则 AUV 转换到 Track-In-to-Right 行为。通过利用该策略，AUV 将展示出"之"字形的羽流追踪路径，该路径将部分或者全部地覆盖羽流的中心线。因此，根据 Track-In 行为中的 AUV 追踪羽流的"之"字形的运动路径，可以估计得到羽流的中心线。此外，当 AUV 通过 Track-In-to-Right 行为或者 Track-In-to-Right 行为新生成一段"之"字形的运动路径后，估计的羽流的中心线及其方向也能够进行更新。

在本节中，估计羽流的中心线为直线。根据在 AUV 的"之"字形的运动路径上发生 Track-In-to-Right 和 Track-In-to-Left 的位置点，直线拟合发生这些行为转换的位置点，如图 5.10 所示的在 AUV 路径上的左侧的 5 个点。当 Track-In-to-Right 和 Track-In-to-Left 发生转换时，将该 AUV 的转换位置记录为 (x_{bs}, y_{bs})，并且包含这些点的列表 L_T 和在羽流测绘过程中生成的羽流的边界上的 4 个点就能够生成并且得到维护。当这种行为转换发生、一个新的转换点生成并被添加到该列表中时，则可续估羽流的中心线，并且能够拟合最近添加的 n ($n \geqslant 4$) 个点的直线被估计为羽流的中心线。由于羽流的分布是动态的，并且羽流的中心线可能是弯曲的，故 n 应该被设置为一个小的数值，才能使中心线估计在 AUV 当前位置附近是局部准确的。采用最小二乘法，则该中心线的斜率 k 估计如下：

$$k = \frac{\sum_{i=1}^{n} x_i y_i - \sum_{i=1}^{n} x_i \sum_{i=1}^{n} y_i}{n \sum_{i=1}^{n} x_i^2 - \left(\sum_{i=1}^{n} x_i\right)^2} \tag{5.28}$$

在如图 5.10 所示的化学羽流追踪任务中，假设羽流主要沿着 x 轴方向发展，并且 AUV 沿着逆 x 轴的方向追踪羽流。定义在该化学羽流追踪任务中估计得到的羽流中心线的方向 $\widetilde{CL}_{dir}$ 为：

$$\widetilde{CL}_{dir} = atan2(k,1) + 180° \tag{5.29}$$

除了估计 AUV 位于羽流中心线的哪一侧外，能够进一步使用 $\sum_{i=1}^{s \times f}[C(S_L)_i >$ $C(S_R)_i]$ 和 $\sum_{i=1}^{s \times f}[C(S_R)_i > C(S_L)_i]$，以及 AUV 在最后一个 Track-In-to-Right 和 Track-In-to-Left 行为的路径，来估计 AUV 相对于羽流中心线的位置。基于这个位置估计，在接下来的 Track-In-to-Left 和 Track-In-to-Right 行为中，可以调整 θ_{TL} 和 θ_{TR}，进而使 AUV 更接近羽流中心线的运动。在目前研究中，设置 θ_{TL} 和 θ_{TR} 为常数。

注意，以上估计 AUV 位于羽流中心线哪一侧的方法，以及估计到的羽流中心线的方向，并不能保证估计结果的正确性。然而，应用以上的策略，该 AUV 能够停留在羽流的内部并且沿着羽流中心线追踪羽流。当化学羽流被检测到时，AUV 仍然保持 Track-In 行为。当 AUV 追踪羽流离开最近检测到的羽流位置一个距离 D_T，而两个化学传感器都没有检测到化学物质，则 AUV 可能已经离开了化学羽流（由于 AUV 可能沿着一个不正确的方向追踪羽流 $\widetilde{CL}_{dir}$，或者由于其他原因如羽流中心线弯曲或者羽流的不连续性），则 Track-Out 行为激活，引导 AUV 返回到羽流的内部（D_T 是 Track-In 行为设计参数，应选取比化学羽流的平均不连续距离大的值）。当 AUV 转换到 Track-Out 行为后，AUV 最近检测到化学羽流的位置在记录中保存为 LCDP。

3. Track-Out 行为

Track-Out 行为控制 AUV 在 Track-In 行为之后快速地重新接触化学羽流。Track-Out 行为示意图如图 5.11 所示。

如果 AUV 在 Track-In 行为中经过距离 D_T 没有检测到化学羽流，可能是因为 AUV 已经从羽流的一侧离开了羽流。为了使 AUV 能够快速地再次检测到化学羽流，Track-Out 使用路径跟踪制导来控制 AUV 跟踪一条直线，直线的起点设置为

AUV 从 Track-In 行为转换到 Track-Out 行为的位置,方向设置为90°或者 –90°(横跨羽流),使 AUV 返回到羽流的内部。

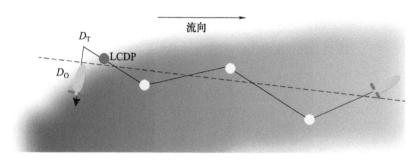

图 5.11　Track-Out 行为示意图

如果 AUV 检测到羽流,则 AUV 转换到 Track-In 行为,并且下一个 Track-In 行为横跨羽流的方向与 Track-Out 行为中横跨羽流的方向相同。如果 AUV 已经运动了一段距离 D_O 而没有检测到化学羽流,则 AUV 转换到 Reacquire-Plume 行为。D_O 为 Track-Out 行为的设计参数,应该设计得足够大以保证 AUV 能够重新回到羽流的内部(D_O 应该大于 $D_T\sin(\theta_{TR})$ 和 $D_T\sin(\theta_{TL})$);此外,选择 D_O 时还应该考虑羽流中心线的弯曲和羽流的不连续性。

4. Reacquire-Plume 行为

如果 Track-Out 行为没有检测到化学羽流,则 AUV 转换到 Reacquire-Plume 行为,以在 LCDP 附近搜索羽流,这与飞蛾所采用的行为类似。考虑到 AUV 的路径跟踪能力,设计 AUV 搜索路径的模式为如图 5.12 所示的矩形路径,其中 D_R 是一个设计参数,其值应该大于 $D_T\cos(\theta_{TR})$ 和 $D_T\cos(\theta_{TL})$ 以使该矩形路径能够覆盖 LCDP。Reacquire-Plume 行为使用路径跟踪制导来使 AUV 实现该路径。

如果 AUV 没能检测到化学羽流,则可能发生以下的三种情况:

① 由于羽流的不连续性,AUV 没能检测到羽流,但是 AUV 已经返回到了羽流的内部。

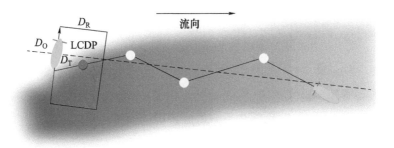

图 5.12　Reacquire-Plume 行为示意图

② 由于羽流中心线方向的估计误差或者由于羽流的弯曲，使 AUV 没有从期望的方向离开化学羽流，则 Track-Out 行为将使 AUV 进一步离开化学羽流。

③ AUV 已经运动到了源头的上游位置。

无论原因是上述的哪种情况发生，所设计的 Reacquire-Plume 行为能够使该 AUV 再一次寻找到化学羽流。

如果由于变化的海流的影响、羽流的形状和位置发生了显著的变化导致 AUV 连续进行 N_R 次的矩形路径搜索而没有寻找到羽流，则 AUV 转换到 Find-Plume 行为。如果 AUV 利用 Reacquire-Plume 行为检测到化学羽流，则 AUV 转换到 Track-In 行为。如果 AUV 在该矩形的中心线的左侧检测到化学羽流，则该中心线是平行于估计的羽流中心线的直线且通过 LCDP，接下来的 Track-In 行为沿着垂直于 $\widetilde{CL}_{dir}$ 并且从右向左地追踪羽流；否则，AUV 的 Track-In 行为沿着垂直于 $\widetilde{CL}_{dir}$ 并且从左向右地追踪羽流。通过该策略，AUV 能够追踪羽流进入到羽流的内部中（因为绝大多数的 LCDP 都位于化学羽流的边界上）。

除了图 5.10 中为化学羽流追踪任务定义的坐标系之外，还定义了一个局部的坐标系，用于估计羽流的源头位置。局部坐标系的 x 轴的方向为 $\widetilde{CL}_{dir}-180°$。如果 AUV 沿该矩形路径搜索并且在 LCDP 的右侧检测到化学羽流，但在左侧没有检测到化学羽流（定义为在该局部坐标系中），则该 LCDP 可能在羽流源头附近，因为羽流仅能在沿着羽流中心线的源头的下游位置被检测到，而不能在其上游位置被检测到。此时，可将该 LCDP 作为 LCDP-S 保存下来，并为 Declare-Source 行为所使用。

5. Declare-Source 行为

Declare-Source 行为用于辨识羽流的源头，并估计羽流源头的位置。

LCDP-S 是羽流源头附近的点。因此，LCDP-S 提供了关于羽流源头位置的信息。如果一簇 LCDP-S 聚集在一个与羽流源头的直径尺度相当的小区域内，则可以得出该区域的上游位置不存在羽流，而在该区域的下游位置存在化学羽流的结论，因为在羽流源头位置附近，羽流的中心线将平行于流向，因此，羽流的源头就在该小区域内部。

在本节的实现中，当 AUV 从 Reacquire-Plume 行为转换到其他行为且生成了一个新的 LCDP-S 时，则 Declare-Source 行为被激活。Declare-Source 行为首先在局部坐标系中排列所获得的 LCDP-S；然后，沿该局部坐标系的 x 轴方向考察 N_D 个 LCDP-S，如果最左侧的 LCDP-S 和它右侧的第 N_D 个 LCDP-S 之间的距离小于一个预定义的参数 D_D（D_D 的选择应该考虑到源头的直径尺度，并且 N_D 应该选择得足够大，以使源头的估计正确和鲁棒），则可以声明源头，羽流的源头位置，这个位置可以是该 N_D 个 LCDP-S 的中心位置，也可以是在该局部坐标系的最左侧的LCDP-S。

5.3.3　计算机仿真

在仿真环境中实现了所提出的化学羽流追踪策略，以下给出一些仿真结果，显示该策略的性能。

在以下的仿真演示中，AUV 追踪化学羽流的任务区域 $[x_{min}, x_{max}] \times [y_{min}, y_{max}]$ 设置为 $[0, 500]$ m $\times [-250, 250]$ m，羽流的源头位于（50，0）m，其直径为 1 m。任务开始时，AUV 于位置（500，−250）m 处采用 Find-Plume 行为在任务区域中搜索化学羽流，当 AUV 定位化学羽流的源头位置后，AUV 返回到任务结束位置（0，0）m。在 AUV 艏部位置对称安装一对化学传感器，其间距为 0.2 m，两个化学传感器的采样频率均设置为 10 Hz。AUV 的任务规划和 AUV 的运动控制周期均设置为 0.1 s，AUV 的速度在整个任务的执行过程中设置为 2.0 m/s。仿真中，采用 REMUS AUV 的动力学模型进行仿真。

图 5.13 为一个仿真结果。在该仿真中，在均匀和稳定的流场中，生成一个沿 x 轴发展的化学羽流。在 AUV 追踪化学羽流的航迹上颜色加深的位置表示在该位置 AUV 的某一个或者全部的化学传感器监测到化学羽流，在羽流源头位置附近的红色点表示 Reacquire-Plume 行为生成的 LCDP-S 点。

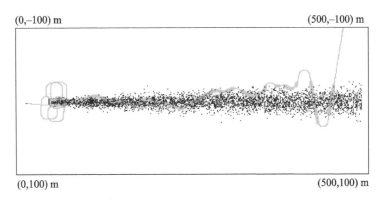

(0,−100) m　　　　　　　　　　　　　　　　　　(500,−100) m

(0,100) m　　　　　　　　　　　　　　　　　　(500,100) m

图 5.13　羽流追踪计算机仿真结果

该仿真中，AUV 首先应用 Find-Plume 行为，以"之"字形的搜索模式对整个任务区域进行搜索，以寻找化学羽流。该行为中，AUV 沿向上游方向搜索化学羽流的角度设置为相对于海流的方向为 80°。在搜索过程中，AUV 在仿真时间为 120 s 时、位置为（452.6，−21.3）m 处检测到化学物质。之后，AUV 从 Find-Plume 行为转换到 Track-In 行为，该行为首先对羽流进行测绘并利用得到的羽流的 4 个边界点估计羽流中心线的方向为 4.96°（D_F 设置为 10 m）。然后，Track-In-to-Right 和 Track-In-to-Left 行为激活，沿着估计的羽流中心线的方向追踪羽流，偏角 θ_{TR} 和 θ_{TL} 分别设置为 25° 和 −25°。Track-In-to-Right 和 Track-In-to-left 行为使用 $\sum_{i=1}^{50}[C(S_L)_i > C(S_R)_i] > 30$ 和 $\sum_{i=1}^{50}[C(S_R)_i > C(S_L)_i] > 30$（$s$ 设置为 5 s，Tr_s 设置为 10 m），来估计 AUV 到达了羽流中心线的右侧或者左侧。当 Track-In-to-Right 和 Track-In-to-Left 行为发生转换时，生成一个新的 (x_{bs}, y_{bs}) 点，并将其加入到 L_T 中。Track-In 行为采用列表中最新的 4 个 (x_{bs}, y_{bs}) 点来估计羽流中心线的方向。当 AUV 在执行 Track-In 行为的过程中距离最近检测到化学物质的位置超过 $D_T = 5$ m 时，AUV 从 Track-In 行为转换到 Track-Out 行为，以使

AUV 重新回到羽流的内部。如果 Track-Out 行为没能在 $D_T = 15$ m 的距离内检测到化学物质，则 AUV 转换到 Reacquire-Plume 行为，在 LCDP 的位置附近搜索化学羽流。当 Reacquire-Plume 行为生成一个 LCDP-S 点时，Declare-Source 行为激活，并且如果最左侧的 LCDP-S 与其沿定义的局部坐标系的 x 方向右侧第 4 个 LCDP-S 之间的距离小于 $D_D = 20$ m，则 AUV 任务已经搜索到了化学羽流的源头，源头位置 (x_s, y_s) 估计为 $x_s = x_{min}$，$y_s = (y_{max} + y_{min})/2$，其中 (x_{min}, y_{min}) 和 (x_{max}, y_{max}) 分别为在定义的局部坐标系中表示的这 4 个 LCDP-S 的最小和最大的 x 和 y 坐标值。应用该方法，AUV 于仿真时间 572 s 时估计羽流的源头位置为 $(50.2, -1.2)$ m。

图 5.14 上图为在羽流追踪过程中 AUV 估计得到的羽流的中心线的方向。可以看出，当任务结束时，估计得到的羽流中心线的方向收敛到 0.77°。图 5.14 下图为 AUV 在羽流追踪过程中的艏向角。从图中可以看出，AUV 以沿着羽流中心线的方向以"之"字形的路径追踪羽流向着羽流源头的方向运动。

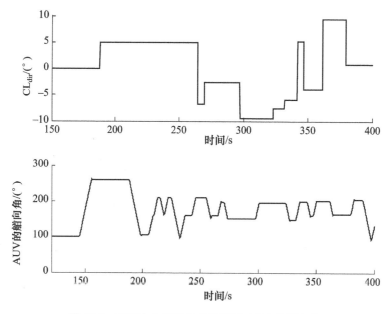

图 5.14 羽流中心线方向估计以及 AUV 的艏向角

图 5.15 上图为 AUV 追踪中心线弯曲的羽流的仿真结果。为了展示弯曲羽流追踪的效果，该仿真中羽流设置为静态的，其不随时间演化。该仿真中任务参数的设置与上述仿真中的参数设置相同。该仿真中，AUV 在仿真时间 170 s 时、位置（435.2，77.4）m 处首先检测到化学羽流。在仿真时间为 632 s 时，AUV 估计源头位置为（51.9，1.2）m。图 5.15 下图为在仿真过程中 AUV 估计得到的羽流中心线的方向，从最开始的 4 个边界点估计的结果 36.5° 变化为 AUV 到达源头位置处的 −24.4°。

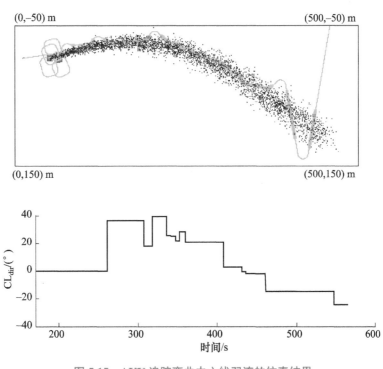

图 5.15　AUV 追踪弯曲中心线羽流的仿真结果

图 5.16 和图 5.17 为 AUV 追踪动态湍羽流的仿真结果。仿真中的参数设置与上面介绍的两个仿真中的参数设置相同。但不同的是，该仿真中羽流是动态的随流场快速变化的，并且为了挑战算法，羽流的不连续度更大。图中的 3 个子图从上到下分别对应仿真时间 126.9 s、317.6 s 和 889.9 s。

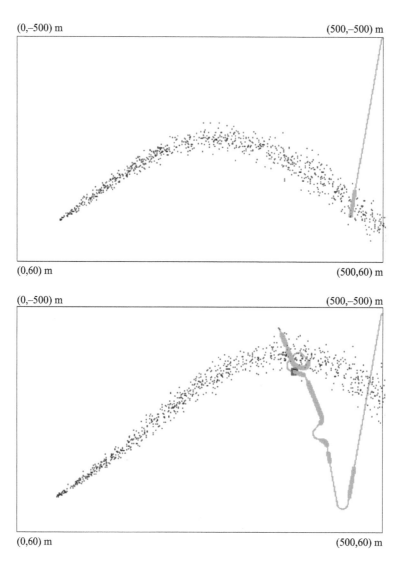

图 5.16　AUV 追踪动态湍羽流的仿真结果

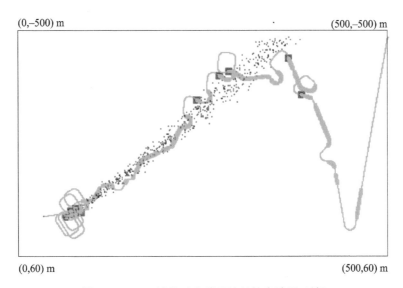

(0,−500) m　　　　　　　　　　　　　　　　　　(500,−500) m

(0,60) m　　　　　　　　　　　　　　　　　　　(500,60) m

图 5.16　AUV 追踪动态湍羽流的仿真结果（续）

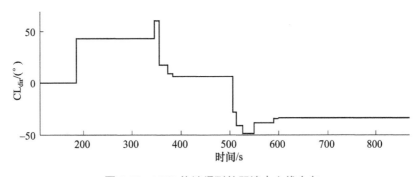

图 5.17　AUV 估计得到的羽流中心线方向

　　该仿真中，AUV 在仿真时间 110.7 s 时、位置（455.8，−39.6）m 处检测到化学羽流，然后 AUV 转换到 Track-In 行为，并通过测绘行为估计羽流中心线的方向为 43.1°。由于羽流中心线弯曲且随时间和空间变化，AUV 在羽流的右侧追踪羽流中心线的过程中离开羽流。通过 Track-Out 行为和 Reacquire-Plume 行为，AUV 重新检测到化学羽流并且生成一系列的 (x_{bs}, y_{bs}) 点，通过这些点 AUV 持续更新对羽流中心线方向的估计，直到接近于左侧羽流的中心线方向 −33.5°。在仿真时间为 870.3 s 时，AUV 估计得到羽流的源头位置为（52.2，−4.0）m。

5.4 多 AUV 协作化学羽流追踪算法

在诸多应用 AUV 进行的羽流追踪任务中，如寻找水下危险化学物质泄漏源，快速定位羽流源头具有重要的需求。应用多台 AUV 协作追踪化学羽流，是提高羽流追踪效率的重要技术途径。因此，本节在第 4 章介绍的单 AUV 飞蛾行为仿生化学羽流追踪算法的基础上，研发一种多 AUV 协作化学羽流追踪算法。

5.4.1 追踪策略

在提出的多 AUV 协作化学羽流追踪策略中，AUV 有领航 AUV 和跟随 AUV 之分，通过领航 AUV 与跟随 AUV 之间的通信使 AUV 保持一定的队形，领航 AUV 带领跟随 AUV 一起进行化学羽流的寻找、追踪和源头定位。该策略继承了受飞蛾行为启发的化学羽流追踪算法的能力和优势。但优于单 AUV 策略的是，该策略中，多 AUV 在执行羽流追踪任务的过程中，可根据 AUV 的状态和环境信息，动态地确定领航 AUV，因而多 AUV 系统中的各 AUV 均有可能成为潜在的领航者。图 5.18 为该策略基于行为转换图的行为协调机制。相对于单 AUV 化学羽流追踪的行为转换图，多 AUV 协作化学羽流追踪的行为转换图增加了一个队形保持行为。

图 5.18 中，符号 d 表示当检测到化学物质时发生的行为转换，符号 $\bar{d}$ 表示在一段时间内没有检测到化学物质时发生的行为转换，符号 c 表示当 AUV 的角色发生转换时发生的行为转换，符号 $\bar{c}$ 表示当 AUV 的角色保持不变时发生的行为转换，s 表示当 AUV 定位源头时所发生的行为转换，$\bar{s}$ 表示羽流源头没有被确定时发生的行为转换。在执行化学羽流追踪任务的过程中，如果领航 AUV 变成了跟随 AUV，则转换到队形保持行为。对于跟随 AUV，它们的基本行为为队形保持行为。在执行化学羽流追踪任务的过程中，当跟随 AUV 激活 Track-In 行为时，如图 5.18 中标有 $d \cap \bar{c}$ 的箭头所示，则它转换成领航 AUV 角色；同时，之前的领

航 AUV 转变为跟随 AUV 并切换到队形保持行为。

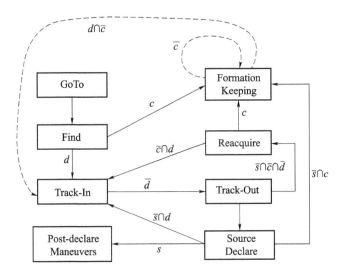

图 5.18　多 AUV 协作化学羽流追踪策略基于行为转换图的行为协调机制

基于上述策略，多 AUV 协作化学羽流追踪的 Find-Plume、Maintain-Plume、Reacquire-Plume、Declare-Source 行为重新定义如下：

① **Find-Plume 行为**　控制多 AUV 在无任何关于搜索区域中化学羽流及其源头位置分布的假设的情况下，对整个搜索区域进行搜索，以首次找到化学羽流，进而对其进行后续追踪。

② **Reacquire-Plume 行为**　控制多 AUV 跟踪三叶草或其变体形式的路径来寻找跟踪丢失的羽流。显然，利用具有更大覆盖范围的多 AUV 进行 Find-Plume 或者 Reacquire-Plume 增加了初始时在搜索区域中寻找羽流或者在羽流追踪过程中追踪丢失后再次找到羽流的机会。在羽流追踪过程中，当多 AUV 系统中的任何 AUV 检测到化学羽流时，该多 AUV 系统采用 Maintain-Plume 行为追踪羽流。

③ **Maintain-Plume 行为**　领航 AUV 使用 Track-In 和 Track-Out 行为向着逆流方向的源头位置方向运动，而其他非领航 AUV 作为领航 AUV 的"guarder"来跟踪领航 AUV 的运动。多 AUV 中领航 AUV 和跟随 AUV 的角色在系统转换到 Maintain-Plume 行为时确定。进行源头定位时，AUV 的角色不发生变化。利用多

AUV 进行化学羽流源头定位时，应用 SIZ_F 算法，由领航 AUV 进行，其输入为所有机器人获得的 LCDP，定位算法如表 5.1 所示。

基于上述策略，本节对由三个 AUV 保持三角形队形追踪化学羽流进行研究。其中，队形控制方法在两个层次上对 AUV 实施控制。首先，根据当前 AUV 的状态，为领航 AUV 确定运动的目标位置；然后，生成跟随 AUV 的轨迹来驱动跟随 AUV 与领航 AUV 保持一定的队形并朝向目标运动。领航 AUV 由飞蛾行为启发的化学羽流追踪算法来实施控制。为了使多 AUV 保持给定的队形，下节对多 AUV 编队控制方法进行介绍。

表 5.1 应用多 AUV 定位化学羽流源头的 SIZ_F 算法

ALGORITHM C_SIZ_F ($Q_1[1,\cdots,N_{1\text{all}}]$, $\cdots$, $Q_n[1,\cdots,N_{n\text{all}}]$)

// n is the vehicle number in the AUVfleet，including leader and follower AUV

// Input: Priority queue $Q[1,\cdots,N_{\text{all}}]$, where $N_{\text{all}} = \sum\limits_{i=1}^{i=n} N_{i\text{all}}$

// Output: Status of source identification

if ($N_{\text{all}} \geqslant N_{\text{ini}}$)

    Sort Q in the order of the current up-flow direction

    $L[1,\cdots N_{\text{all}}] \leftarrow Q[1,\cdots, N_{\text{all}}]$; $n_1 \leftarrow N_{\text{all}}$ // L is a point list

  status $\leftarrow$ **false**

  while $n_1 \geqslant N_{\text{min}}$ **do**

      Calculate the mean value $(x_{\text{last}}^{(m)}, y_{\text{last}}^{(m)})$ of all LCDPs in the queue;

     Find p_{max} with D_{max}

     if $D_{\text{max}} > \varepsilon_{\text{F}}$

        remove p_{max} from the list L; $n_1 \leftarrow n_1 - 1$

    else

        status $\leftarrow$ **true**; **break**

    if status = **true**

        return ($x_{\text{last}}{}^{f(1)}$, $y_{\text{last}}{}^{f(1)}$) as the source location

else

    return no source location identified

else return no source location identified

5.4.2　多 AUV 编队控制

多 AUV 在海洋环境中执行化学羽流追踪任务，需要建立 AUV 的运动学方程，来描述领航 AUV 和跟随 AUV 之间的相对运动。因此，定义两类坐标系，一个大地坐标系 {0} 和一个载体坐标系 {i}，如图 5.19 所示。

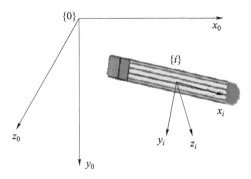

图 5.19　大地坐标系和在第 i 个 AUV 上定义的载体坐标系

令 (v, ψ, θ) 为在大地坐标系下描述的 AUV 的状态，其中 v 是 AUV 的前向速度，单位为 m/s；ψ 为 AUV 的艏向角，单位为弧度；θ 为俯仰角，单位也为弧度。假设 AUV 的横滚角 $\varphi = 0$。

从大地坐标系 {0} 到载体坐标系 {i} 的旋转变换矩阵表示为：

$$
{}_{0}^{i}\boldsymbol{R} = \begin{bmatrix} \cos\theta_i\cos\psi_i & \cos\theta_i\sin\psi_i & -\sin\theta_i \\ -\sin\psi_i & \cos\psi_i & 0 \\ \cos\theta_i\cos\psi_i & \sin\theta_i\sin\psi_i & \cos\theta_i \end{bmatrix} \tag{5.30}
$$

在大地坐标系 {0} 中表示的 AUV_i 的速度方程为：

$$
\begin{cases} \dot{x}_i = v_i\cos\theta_i\cos\psi_i \\ \dot{y}_i = v_i\cos\theta_i\sin\psi_i \\ \dot{z}_i = -v_i\sin\theta_i \end{cases} \tag{5.31}
$$

以上方程可以写为：

$$\dot{\boldsymbol{p}}_i = \boldsymbol{A}(\theta_i, \psi_i) \boldsymbol{v}_i \qquad (5.32)$$

其中，$\boldsymbol{A}(\theta_i, \psi_i) = [\cos\theta_i\cos\psi_i, \cos\theta_i\sin\psi_i, -\sin\theta_i]^{\mathrm{T}}$。第 i 个 AUV 在大地坐标系 {0} 下的位置向量可以由上式积分得到。

我们使用：

$$\Delta \boldsymbol{p}^{\mathrm{f}} = {}_0^i\boldsymbol{R}(\boldsymbol{p}_1 - \boldsymbol{p}_{\mathrm{f}}) \qquad (5.33)$$

来计算从一个跟随者 f 到一个领航者 1 之间的相对距离向量 $\Delta \boldsymbol{p}^{\mathrm{f}} = [\Delta x^{\mathrm{f}},$ $\Delta y^{\mathrm{f}}, \Delta z^{\mathrm{f}}]^{\mathrm{T}}$，其中 ${}_0^{\mathrm{f}}\boldsymbol{R}$ 是从大地坐标系 {0} 到跟随者坐标系 {f} 之间的旋转变换矩阵。注意：下标" i "表示 AUV_i 在大地坐标系中表示的 AUV 的状态，而上标" f "为在跟随者的载体坐标系 {f} 中表示。图 5.20 为领航者相对于它的两个跟随者载体坐标系的位置映射。

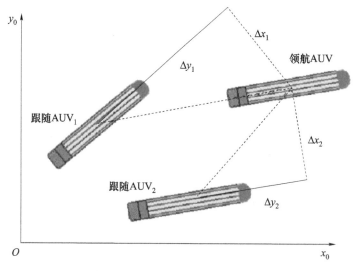

图 5.20　在两个载体坐标系下描述领航 AUV 的位置

如前所述，本节研究三台 AUV 保持三角形的队形来执行化学羽流追踪任务。为了实现队形保持行为，计算相对距离向量的导数，得到速度向量：

$$\Delta\dot{\boldsymbol{p}}^{\mathrm{f}} = {}_0^{\mathrm{f}}\boldsymbol{R}(\dot{\boldsymbol{p}}_1 - \dot{\boldsymbol{p}}_{\mathrm{f}}) + {}_0^{\mathrm{f}}\dot{\boldsymbol{R}}(\boldsymbol{p}_1 - \boldsymbol{p}_{\mathrm{f}}) = {}_0^{\mathrm{f}}\boldsymbol{R}\dot{\boldsymbol{p}}_1 - {}_0^{\mathrm{f}}\boldsymbol{R}\dot{\boldsymbol{p}}_1 + {}_0^{\mathrm{f}}\dot{\boldsymbol{R}}(\boldsymbol{p}_1 - \boldsymbol{p}_{\mathrm{f}})$$

$$（5.34）$$

其中，$\boldsymbol{p}_1 = [x_1, y_1, z_1]^{\mathrm{T}}$，$\boldsymbol{p}_{\mathrm{f}} = [x_{\mathrm{f}}, y_{\mathrm{f}}, z_{\mathrm{f}}]^{\mathrm{T}}$ 是在大地坐标系中表示的领航 AUV 和跟随 AUV 的位置向量，$\Delta\dot{\boldsymbol{p}}^{\mathrm{f}}$ 为在跟随者坐标系中表示的。

考虑到 $\Delta\boldsymbol{p}^{\mathrm{f}}$ 的正交性，有：

$$\Delta\dot{\boldsymbol{p}}^{\mathrm{f}} = {}_0^{i}\boldsymbol{R}\boldsymbol{A}(\theta_1, \psi_1)v_1 - {}_0^{\mathrm{f}}\boldsymbol{R}\boldsymbol{A}(\theta_{\mathrm{f}}, \psi_{\mathrm{f}})v_{\mathrm{f}} + {}_0^{\mathrm{f}}\dot{\boldsymbol{R}}({}_0^{\mathrm{f}}\boldsymbol{R})^{\mathrm{T}}\Delta\boldsymbol{p}^{\mathrm{f}}$$

$$（5.35）$$

和

$$
\begin{aligned}
{}_0^{\mathrm{f}}\boldsymbol{R}\boldsymbol{A}(\theta_1, \psi_1) &= \begin{bmatrix} \cos\theta_{\mathrm{f}}\cos\psi_{\mathrm{f}} & \cos\theta_{\mathrm{f}}\sin\psi_{\mathrm{f}} & -\sin\theta_{\mathrm{f}} \\ -\sin\psi_{\mathrm{f}} & \cos\psi_{\mathrm{f}} & 0 \\ \sin\theta_{\mathrm{f}}\cos\psi_{\mathrm{f}} & \sin\theta_{\mathrm{f}}\sin\psi_{\mathrm{f}} & \cos\theta_{\mathrm{f}} \end{bmatrix}\begin{bmatrix} \cos\theta_1\cos\psi_1 \\ \cos\theta_1\sin\psi_1 \\ -\sin\theta_1 \end{bmatrix} \\
&= \begin{bmatrix} \cos\theta_1\cos\theta_{\mathrm{f}}\cos\Delta\psi + \sin\theta_1\sin\theta_{\mathrm{f}} \\ \cos\theta_1\sin\Delta\psi \\ \cos\theta_1\sin\theta_{\mathrm{f}}\sin\Delta\psi - \sin\theta_1\cos\theta_{\mathrm{f}} \end{bmatrix}
\end{aligned}
$$

$$（5.36）$$

$$
{}_0^{\mathrm{f}}\boldsymbol{R}\boldsymbol{A}(\theta_{\mathrm{f}}, \psi_{\mathrm{f}}) = \begin{bmatrix} \cos\theta_{\mathrm{f}}\cos\psi_{\mathrm{f}} & \cos\theta_{\mathrm{f}}\sin\psi_{\mathrm{f}} & -\sin\theta_{\mathrm{f}} \\ -\sin\psi_{\mathrm{f}} & \cos\psi_{\mathrm{f}} & 0 \\ \sin\theta_{\mathrm{f}}\cos\psi_{\mathrm{f}} & \sin\theta_{\mathrm{f}}\sin\psi_{\mathrm{f}} & \cos\theta_{\mathrm{f}} \end{bmatrix}\begin{bmatrix} \cos\theta_{\mathrm{f}}\cos\psi_{\mathrm{f}} \\ \cos\theta_{\mathrm{f}}\sin\psi_{\mathrm{f}} \\ -\sin\theta_{\mathrm{f}} \end{bmatrix} = \begin{bmatrix} 1 \\ 0 \\ 0 \end{bmatrix}
$$

$$
\begin{aligned}
{}_0^{\mathrm{f}}\dot{\boldsymbol{R}}({}_0^{\mathrm{f}}\boldsymbol{R})^{\mathrm{T}} &= \begin{bmatrix} r_{11} & r_{12} & r_{13} \\ r_{21} & r_{22} & r_{23} \\ r_{31} & r_{32} & r_{33} \end{bmatrix}\begin{bmatrix} \cos\theta_{\mathrm{f}}\cos\psi_{\mathrm{f}} & -\sin\psi_{\mathrm{f}} & \cos\theta_{\mathrm{f}}\cos\psi_{\mathrm{f}} \\ \cos\theta_{\mathrm{f}}\sin\psi_{\mathrm{f}} & \cos\psi_{\mathrm{f}} & \sin\theta_{\mathrm{f}}\sin\psi_{\mathrm{f}} \\ -\sin\theta_{\mathrm{f}} & 0 & \cos\theta_{\mathrm{f}} \end{bmatrix} \\
&= \begin{bmatrix} 0 & \dot{\psi}_{\mathrm{f}}\cos\theta_{\mathrm{f}} & -\dot{\theta}_{\mathrm{f}} \\ -\dot{\psi}_{\mathrm{f}}\cos\theta_{\mathrm{f}} & 0 & -\dot{\psi}_{\mathrm{f}}\sin\theta_{\mathrm{f}} \\ \dot{\theta}_{\mathrm{f}} & \dot{\psi}_{\mathrm{f}}\sin\theta_{\mathrm{f}} & 0 \end{bmatrix}
\end{aligned}
$$

$$（5.37）$$

其中，

$$\Delta\psi = \psi_{\mathrm{f}} - \psi_1$$

$$（5.38）$$

和

$$\begin{cases} r_{11} = -\dot{\theta}_{\mathrm{f}} \sin\theta_{\mathrm{f}} \cos\psi_{\mathrm{f}} - \dot{\psi}_{\mathrm{f}} \cos\theta_{\mathrm{f}} \sin\psi_{\mathrm{f}} \\ r_{12} = -\dot{\theta}_{\mathrm{f}} \sin\theta_{\mathrm{f}} \sin\psi_{\mathrm{f}} + \dot{\psi}_{\mathrm{f}} \cos\theta_{\mathrm{f}} \cos\psi_{\mathrm{f}} \\ r_{13} = -\dot{\theta}_{\mathrm{f}} \cos\theta_{\mathrm{f}} \\ r_{21} = -\dot{\psi}_{\mathrm{f}} \cos\psi_{\mathrm{f}} \\ r_{22} = -\dot{\psi}_{\mathrm{f}} \sin\psi_{\mathrm{f}} \\ r_{23} = 0 \\ r_{31} = \dot{\theta}_{\mathrm{f}} \cos\theta_{\mathrm{f}} \cos\psi_{\mathrm{f}} - \dot{\psi}_{\mathrm{f}} \sin\theta_{\mathrm{f}} \sin\psi_{\mathrm{f}} \\ r_{32} = \dot{\theta}_{\mathrm{f}} \cos\theta_{\mathrm{f}} \sin\psi_{\mathrm{f}} + \dot{\psi}_{\mathrm{f}} \sin\theta_{\mathrm{f}} \cos\psi_{\mathrm{f}} \\ r_{33} = -\dot{\theta}_{\mathrm{f}} \sin\theta_{\mathrm{f}} \end{cases} \tag{5.39}$$

当领航 AUV 和跟随 AUV 之间的距离 $\Delta\boldsymbol{p}^{\mathrm{f}}$ 在方程中给定后,可以得到一个跟随 AUV 的队形控制律:

$$\begin{cases} v_{\mathrm{f}} = (\sin\theta_{\mathrm{f}} \sin\theta_{\mathrm{l}} + \cos\theta_{\mathrm{f}} \cos\theta_{\mathrm{l}} \cos\Delta\psi)v_{\mathrm{l}} + \gamma^2 x_e \\ \dot{\theta}_{\mathrm{f}} = z_e v_{\mathrm{l}} \cos\theta_{\mathrm{l}} \cos\Delta\psi / k_2 + \Delta z^{\mathrm{f}} \sin\theta_{\mathrm{f}} - k_2 \sin\theta_{\mathrm{f}} + \dot{\theta}_{\mathrm{l}} \\ \dot{\psi}_{\mathrm{f}} = v_{\mathrm{l}} y_e \cos\theta_{\mathrm{l}} / k_1 + (k_1 \sin\Delta\psi - z_e \Delta y^{\mathrm{f}} \sin\theta_{\mathrm{f}}) + \dot{\psi}_{\mathrm{l}} \end{cases} \tag{5.40}$$

其中,x_e、y_e 和 z_e 表示在跟随 AUV 的实际位置和需要跟踪的轨迹之间的队形误差,分布在 x 轴方向和在 y 轴方向,γ、k_1、k_2 是控制系数,是正常数,主要影响跟随 AUV 的前向速度、艏向角和俯仰角。

对该控制策略进行了计算机仿真。该仿真中,领航 AUV 的航行速度设置为 6 节,为常数,其中跟随 AUV 的速度在 1 到 8 节的速度之间进行调整(0.5~4 m/s)来保持给定的三角形队形。图 5.21 为保持三角形队列的仿真结果。从该仿真中可以看出,使用该队形控制律,队形误差可以快速收敛到零。

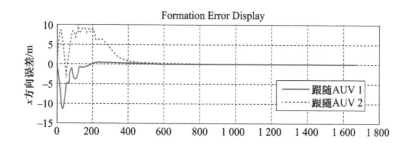

图 5.21　在队形控制律下跟随 AUV 的轨迹

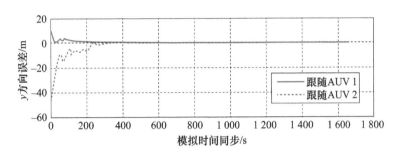

图 5.21　在队形控制律下跟随 AUV 的轨迹（续）

5.4.3　多 AUV 化学羽流追踪仿真

为了对多 AUV 协作化学羽流追踪算法进行验证并对其性能进行评估，进行了计算机仿真。

仿真采用第 2 章介绍的化学羽流模型及基于该模型实现的计算机仿真环境[97]。在该仿真中，相关设置如下：AUV 的搜索区域设定为 $[0, 100]$ m × $[-50, 50]$ m，羽流源头设置于（10，0）m，羽流粒子的释放速率设定为 5 个/s，平均流速设定为 1.0 m/s，仿真时间步长设定为 0.01 s。

图 5.22～图 5.25 为仿真中的一次化学羽流追踪实验结果，AUV 在运动路径上的行为包括 Find-Plume、Maintain-Plume、Reacquire-Plume、Declare-Source。

首先，多 AUV 系统从起始位置出发，开始执行化学羽流追踪任务。AUV1 被选择作为领航 AUV，其采用 Find-Plume 行为在搜索区域中搜索羽流，AUV2 和 AUV3 跟踪领航 AUV 并保持队形，共同进行羽流搜索。

AUV3 首先检测到化学羽流，然后它从跟随 AUV 角色转换为领航 AUV 角色，如图 5.22 所示。AUV3 作为新的领航 AUV，采用 Maintain-Plume 行为追踪羽流，朝向化学羽流的源头方向运动，其他 AUV 作为跟随 AUV 跟随新的领航 AUV 运动，并保持队形。例如，如图 5.23 所示，AUV1 从领航 AUV 角色转换到跟随 AUV 角色，则它运动到新的领航 AUV 的左侧，以形成一个新的三角形队列，并保持该队形。此后，当 AUV3 在跟踪丢失化学羽流数秒后，它转换到 Reacquire-Plume 行为来在跟踪丢失的位置采用三叶草形状的轨迹寻找化学羽流，AUV1 和 AUV2 跟随领航 AUV 共同进行羽流寻找。由于在 Reacquire-Plume 行为执行过程中，AUV2 首先检测到羽流，所以该 AUV 转换其跟随 AUV 角色为领航 AUV 角色，并且触发新的 Maintain-Plume 行为。同时，如图 5.24 所示，AUV3 从领航 AUV 角色转换到跟随 AUV 角色，并且移动到右侧来形成一个新的三角形队列。AUV2 作为领航 AUV，带领 AUV 团队到达羽流源头的位置。

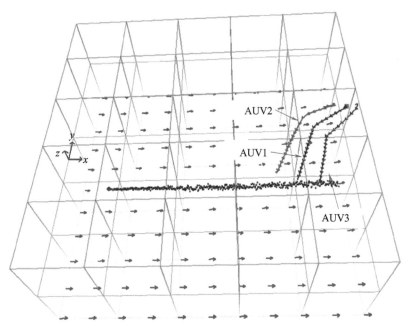

图 5.22　**Find-Plume** 行为（AUV1 带领 AUV2 和 AUV3 寻找羽流；
AUV3 首先检测到化学羽流，之后其转换角色为新的领航 AUV）

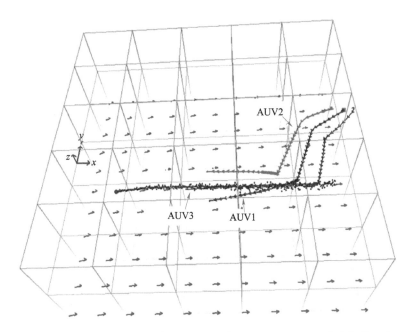

图 5.23　**Maintain-Plume** 行为（**AUV3** 引领 **AUV1** 和 **AUV2** 追踪化学羽流，
朝向羽流源头方向运动）

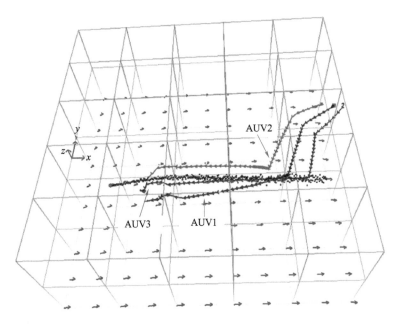

图 5.24　**Reacquire-Plume** 行为（**AUV2** 首先检测到化学羽流，其角色由跟随 **AUV**
转换为领航 **AUV，AUV1** 和 **AUV3** 跟随 **AUV2** 朝向羽流源头方向运动）

图 5.25 为多 AUV 在源头位置进行 Declare-Source 的行为。

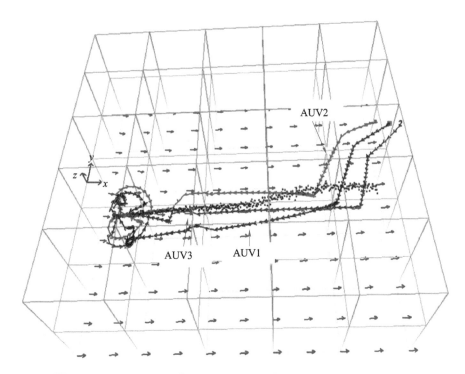

图 5.25 Declare-Source 行为（通过转换领航 AUV 和跟随 AUV 角色，
所有 AUV 在源头位置附近运动并估计源头的位置）

为了对比单 AUV 和多 AUV 协同追踪化学羽流的性能，进行了 1 000 次的仿真实验。在该仿真中，每一次仿真的最长运行时间限定为 T_{max} = 1 000 s，当 AUV 定位羽流源头或者任务执行时间达到 T_{max}，则仿真结束。

表 5.2 和表 5.3 列出了评估多 AUV 化学羽流追踪性能的三个方面的仿真结果：可靠性、精度和耗时。结果显示，通过 AUV 进行的化学羽流追踪，显著减少了追踪化学羽流和定位羽流源头的时间消耗，并且还在一定程度上提高了源头定位精度。

表 5.2　单 AUV 和多 AUV 化学羽流追踪耗时对比

1 000 次仿真结果统计	平均时间/s	时间/s					
		150~200	>200~250	>250~300	>300~350	>350~400	>400
单 AUV	229.8	61/1 000 (6.1%)	754/1 000 (75.4%)	164/1 000 (16.4%)	16/1 000 (1.6%)	5/1 000 (0.5%)	0/1 000 (0.0%)
多 AUV	195.1	645/1 000 (64.5%)	329/1 000 (32.9%)	21/1 000 (2.1%)	2/1 000 (0.2%)	2/1 000 (0.2%)	1/1 000 (0.1%)

表 5.3　单 AUV 和多 AUV 化学羽流源头定位精度对比

1 000 次仿真结果统计	平均源头定位误差/m	估计的源头平均位置/m	误差在 0.0~0.5 m 之间	误差在 >0.5~1.0 m 之间	误差在 >1.0~1.5 m 之间	误差在 >1.5~2.0 m 之间	误差大于 2.0 m
单 AUV	0.219 5	$\bar{x} = 10.146\ 0$ $\bar{y} = 0.001\ 8$	878/1 000 (87.8%)	87/1 000 (8.7%)	28/1 000 (2.8%)	6/1 000 (0.6%)	1/1 000 (0.1%)
多 AUV	0.178 2	$\bar{x} = 10.106\ 6$ $\bar{y} = 0.002\ 2$	921/1 000 (92.1%)	61/1 000 (6.1%)	14/1 000 (1.4%)	2/1 000 (0.2%)	2/1 000 (0.2%)

5.4.4　多机器人化学羽流追踪实验平台

到目前为止，绝大多数的多机器人化学羽流追踪研究都是在仿真环境中进行的。本节介绍针对多机器人化学羽流追踪搭建的物理实验平台。

为了验证多机器人追踪化学羽流的结合队形控制的飞蛾启发羽流追踪策略，美国加州州立大学贝克斯菲尔德分校（California State University，Bakersfield，CSUB）的机器人实验室研发了一组分布式结构的多陆地移动机器人系统。该多机器人系统中的每一个机器人都安装有多个传感器，包括无线路由器和两个化学传感器，各机器人可在 LabVIEW Robotics 项目中进行交互，如图 5.26 所示。系统中的各机器人在执行它的化学羽流追踪任务时与其他机器人共享采集的信息，如化学物质浓度、空气流动的方向和速度，以及机器人的当前状态。多机器人可根据队形控制机制，动态地形成队形来执行化学羽流追踪任务。

图 5.26　CSUB 机器人实验室基于 DaNI 机器人构建的多机器人系统

中国科学院沈阳自动化研究所，面向多 AUV 协同化学羽流追踪应用需求，研发了两台搭载化学传感器的 AUV，如图 5.27 所示。

图 5.27　中国科学院沈阳自动化研究所研发的 AUV

　　AUV 的机械结构不同于 DaNI 机器人的机械结构。DaNI 机器人通过差动驱动其轮子来改变机器人的运动方向，其转向时的回转半径可近乎于零。相比之下，通过主推进器加舵来实施运动控制的 AUV 通常在转向时需要 5～10 m 的大回转半径。因此，在执行化学羽流追踪任务前，需要先对 AUV 的运动学、队形控制误差及 AUV 的可靠性进行测试。在利用该多 AUV 系统执行海洋环境中化学羽流追踪任务前，沈阳自动化研究所在沈阳棋盘山水库进行了该多 AUV 系统在队形控制下的协调路径跟踪实验。

　　图 5.28 为一次实验中两台 AUV 及其运动轨迹。通过该实验，不仅测试了系统中 AUV 的性能，还对利用该多 AUV 系统进行化学羽流追踪和测绘任务所涉及的一些关键参数进行了调节，包括多 AUV 编队控制器参数及抑制环境噪声的化学传感器检测阈值等。

图 5.28　两台 AUV 协调路径跟踪控制实验结果

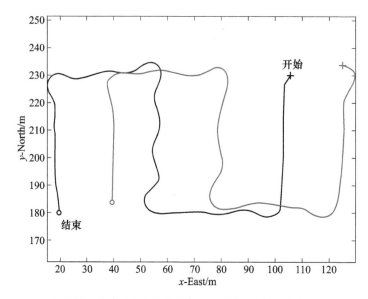

图 5.28　两台 AUV 协调路径跟踪控制实验结果（续）

第 6 章

AUV 深海热液羽流追踪

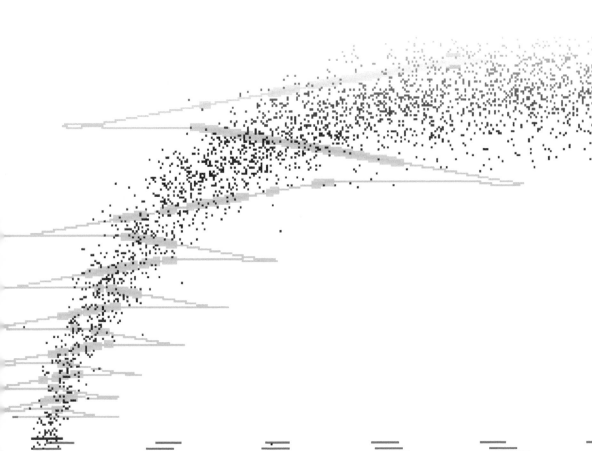

6.1 概　述

深海热液活动区通常位于数千米的海底深处[122]，因此深海热液活动的调查研究离不开深海调查装备和技术，也恰恰是深海调查装备和技术的发展促进了深海热液活动调查研究的进展。传统深海探测技术是早期深海热液活动调查的主要手段，其中，调查船拖曳拖体的站位式和走航式探测技术一直是现代深海热液活动调查的必需手段[123]，在热液活动区海底地形、热液喷口形态、热液羽流演化等多方面探测中发挥着重要作用。随着对深海热液活动调查和研究的深入，传统的探测技术包括走航式探测等已经不能满足深海热液活动调查研究的需要。水下机器人包括载人潜水器（human occupied vehicle，HOV）、遥控水下机器人（remotely operated vehicle，ROV）、自主水下机器人，成为近年来国内外应用并致力发展的新型深海热液活动探测装备[69,124]。

HOV 在热液活动区的调查研究中起到了非常重要的作用。HOV 可以直接下潜到热液活动区，对热液喷口和热液羽流进行直接的观察，对热液喷口和底栖生物拍摄照片和录像，以及对矿产、生物样本进行采样等。但由于 HOV 受到操作人员、作业环境和携带能源有限等条件限制，作业时间相对较短，且活动范围较小，通常是利用 HOV 对已知的热液活动区进行调查研究。

ROV 不受人员安全和能源等因素的限制，因而在作业水深、连续工作时间和携带负载能力等方面都有了进一步的提高，在一定程度上弥补了 HOV 的不足。ROV 的快速发展为海底热液活动的调查研究提供了有力的技术支撑，但 ROV 受到脐带电缆的约束，其作业范围受到限制，因此 ROV 在海底热液活动调查中的主要任务是：利用携带的机械手进行样品采集和水下传感器的布放回收等作业、热液喷口区的声学和视像观测、热液矿产资源和热液羽流的采样等。

AUV 的特点是无人无缆、自带能源、对母船依赖性小、可搭载多种探测传感器、具有精确定位能力和自主导航控制能力，因而其在热液活动区高精度的地形地貌、重力场、磁力场测绘，热液羽流的高时空分辨率测绘，热液喷口的搜索和精确定位等作业任务中发挥着不可替代的重要作用。特别是利用 AUV 在热液活动区寻找和精确定位新的热液喷口，已经成为精细化搜索和精确定位的必然趋势。

目前国际上利用多类型水下机器人进行海底热液活动调查研究的作业模式，是先利用 AUV 对通过调查船调查后确定的热液活动区进行热液羽流探测或海底地形地貌、重力场和磁力场测绘，进而寻找和精确定位海底热液喷口并对其进行观测，然后再利用 ROV 和 HOV 对喷口进行作业和采样。这种作业模式具有较高的作业效率，并且在全球大洋的热液调查中多次获得成功的应用，取得了很好的调查结果[124]。

全球仍有大量的洋中脊区域还没有开展热液喷口的寻找、精确定位和探测工作。鉴于 AUV 的功能特点，它有望成为该领域未来的重要探测工具。因此，如何结合环境特点、任务的先验信息和目标、AUV 的能力，高效地应用 AUV 完成热液喷口寻找、定位和测绘等任务，即设计高效的基于 AUV 的热液活动探测策略和实现相应策略的 AUV 感知、规划与控制方法，成为海底热液喷口探测和 AUV 研究领域的热点课题。

6.2 AUV 海底热液喷口搜索定位探测策略

6.2.1 基于海底地形地貌探测的策略

海底热液喷口具有显著的地形地貌特征。因此，日本东京大学提出一种基于海底地形地貌测绘的热液喷口寻找和定位策略。该策略由三个连续的地形地貌测绘作业阶段组成：

① 第一阶段 利用调查船在热液活动区大范围地测绘海底地形地貌，据此推断出热液喷口的大致位置。

② 第二阶段　利用巡航型 r2D4 AUV 搭载的声学设备，对第一阶段探测后推断出的疑似喷口区域进行高精度的地形地貌测绘，获得高精度的海底地形地貌图，进而据此更为准确地推测和判断喷口的位置。

③ 第三阶段　利用操纵性更好的 Tuna-Sand AUV 搭载的声学和视像等传感器对喷口进行地形地貌测绘、视像观测和其他传感器信息的采集，进而实现疑似喷口的确认和精确定位。

6.2.2　基于热液羽流探测的策略

除了基于热液喷口区地形地貌特征的热液喷口寻找和定位策略，另一种广泛应用的策略是基于热液羽流探测。热液喷口的尺度虽小，但其喷发的热液流体在海流的输运下扩散形成的热液羽流可达数百 km 至数千 km，因此探测热液羽流进而找到其源头就成为寻找和定位热液喷口的一种直接且有效的途径。目前，调查船利用搭载有热液羽流探测传感器的深海拖体进行站位式探测和走航式探测，是大范围探测热液羽流最常用和最有效的手段，但受船载拖体的操纵性和精确定位能力限制，通过其获取的较低分辨率热液羽流时空分布信息，通常仅能将热液喷口位置限定在数 km^2 的范围内[80]。

鉴于 AUV 的功能和特点，在限定的数 km^2 热液活动区内进一步探测热液羽流并最终找到热液喷口，对其精确定位和探测的任务，就非常适合由 AUV 来完成。因此，基于热液羽流探测的热液喷口寻找和定位的作业策略，通常是首先由调查船利用羽流探测拖体进行大范围的羽流探测并初步限定热液喷口的位置，然后再布放 AUV 进一步探测热液羽流，最终找到和精确定位热液喷口，并对喷口进行探测。

AUV 在限定的热液活动区内探测热液羽流，进而寻找和精确定位热液喷口并对其探测的策略，最为典型的就是文献［77］结合任务目标（AUV 寻找、定位热液喷口，并对其附近地形地貌进行测绘和对喷口进行视像观测等）、热液羽流分布的物理结构（包含非浮力和浮力部分）和热液羽流示踪物的分布特性［热液羽流含有可从非浮力羽流（non-buoyant plume，NBP）中辨识出浮力羽流（buoyant plume，BP）的非守恒示踪物〕提出的三阶段嵌套策略。该策略同样由三个连续的作业阶段组成，每一个阶段中 AUV 均采用预规划的梳形探测路径，但后一阶段采用更小的探测范围和更高的探测分辨率，并更接近海底。

① 第一阶段　在热液非浮力羽流层进行，主要进行水文探测，据此探测结果从中找到浮力羽流部分。

② 第二阶段　这一阶段的探测范围和探测分辨率根据第一阶段的探测结果确定，主要任务是试图找到浮力羽流柱并对喷口附近区域的地形地貌进行高精度的测绘。

③ 第三阶段　根据第二阶段的探测结果，进一步缩小探测区域，实现海底热液喷口的精确定位，并对喷口形态、矿产资源和底栖生物等进行视像观测。

美国利用 ABE AUV 和该策略已经在全球大洋多个热液活动区多次成功找到并精确定位新的热液喷口，对其进行了高精度的声学和视像观测[78]。图 6.1 为 ABE AUV 在 Kilo Moana 喷口区的三阶段探测结果[78]。

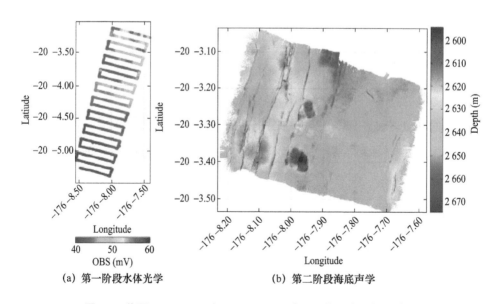

(a) 第一阶段水体光学　　　　(b) 第二阶段海底声学

图 6.1　美国 ABE AUV 在 Kilo Moana 喷口区的三阶段探测结果

(c) 第三阶段海底光学

图 6.1　美国 ABE AUV 在 Kilo Moana 喷口区的三阶段探测结果（续）

6.2.3　基于羽流追踪能力的效率提升

上述的两种三阶段调查作业方案虽是有效的方案，但其中 AUV 作为自主平台的在线实时决策，规划能力并没有得到有效的发挥，因此这两种方案仍存在改进以提升其效率的空间，而改进的关键是赋予 AUV 追踪热液羽流的能力，即 AUV 可基于热液羽流探测传感器信息在线实时决策、规划，自主地在热液活动区寻找热液羽流、追踪热液羽流到达海底热液喷口位置并对其精确定位。

基于该能力，可以改进这两种方案以得到更为高效的方案：

① 在基于热液羽流探测的方案中，如当 AUV 通过第一阶段非浮力羽流的探测找到浮力羽流后，则 AUV 可直接追踪各浮力羽流到达喷口位置，对其进行精确定位后再对喷口进行其他声学和光学探测。

② 在基于热液喷口地形地貌特征的探测方案中，如果 AUV 能够在前一阶段推断的疑似喷口位置附近检测到热液浮力羽流，则 AUV 基于该信息可在线自主判断出该疑似喷口确实为热液喷口，并且可以追踪该浮力羽流到达喷口位置并对其精确定位，然后再在线规划针对该喷口的其他探测任务。当完

成当前的疑似喷口确认、精确定位和探测后，再继续进行下一个疑似喷口的确认和探测。

6.3 热液羽流简介

6.3.1 热液羽流的结构

密度较小的热液流体从喷口喷出后，在初始喷溢动量及其与环境海水的密度差作用下迅速上升，并在上升过程中通过湍流夹卷吸入环境海水使其稀释，当稀释后的热液流体密度与环境海水密度相同并且其上升动量减小为零时停止上升，这段从喷口喷出到停止上升的热液羽流称为热液浮力羽流。图 6.2 为热液羽流结构示意图。

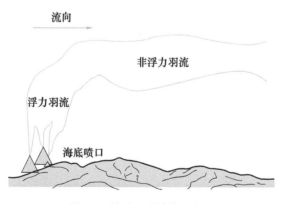

图 6.2 热液羽流结构示意图

从时均的角度看，浮力羽流在从海底上升到浮力羽流柱顶端的过程中，羽流的直径在横向上从喷口直径的几 cm 扩大到顶端的 50～100 m[125]。而瞬时的浮力羽流则是具有较大异常强度但中间夹杂着环境海水的间断的不规则的结构[126]（喷口喷出的高温热液流体具有一定的向上初始速度和热浮力，导致上升羽流的边缘剪切不稳定而产生旋涡，旋涡将环境海水卷入羽流内部并使其与热液流体混合，产生浮力驱动的湍流结构）。热液浮力羽流的上升高度受喷口区域海洋水文特性（温度、盐度、密度剖面等）、环境流场特性（在环境横向流的作用下浮力羽流会沿流的方向发生侧向弯曲）、喷溢的通量等多种因素影响，在典型的情况下羽流上升高度一般为 100～400 m[127]。

热液浮力羽流在达到顶端的中性浮力后，在自身产生的压力梯度和环境横向流的作用下向侧向扩散，形成热液非浮力羽流。在典型情况下，热液非浮力羽流的厚度为 100 m 级[124]，而其随海流扩散的距离可达数百至数千 km。从瞬时的角度看，热液非浮力羽流的结构是中间夹杂着环境海水的不连续结构，而且在随时间和空间变化的水平流特别是多个周期潮汐流的综合作用下，热液非浮力羽流分布的轴线会发生弯曲，而且不与流向平行。

6.3.2　热液羽流示踪物

热液羽流的物理和化学特性与周围环境中的海水区别明显，通过探测水体的温度、颗粒物浓度、光学系数或特征化学元素含量的异常（水体中温度、颗粒物和其他化学元素等的异常是由热液喷口引入的，因此，实际上异常的计算就是比较在相同密度点羽流值和环境值的差异），可以探测到热液羽流。目前，在热液羽流探测的实际应用中，比较常用的热液羽流示踪物主要包括温度、光学特性、化学成分、氧化还原势和上升流等。并且，这些热液羽流的示踪物可以分成两类[80]：

① 守恒示踪物　示踪物的强度仅受被动对流和扩散的影响。

② 非守恒示踪物　示踪物的强度不仅受被动对流和扩散的影响还受化学反应、生物过程或辐射衰减等的影响。

以下对探测热液羽流的常用示踪物进行简要介绍。

1. 温度

温度是典型的热液羽流示踪物。在深海，势温度（potential temperature）和势密度（potential density）通常存在线性关系，而且可以拟合出方程来描述这种关系。由于热液喷口热量的引入，这种线性关系遭到了破坏，因此通过温度异常可以判断热液羽流。

2. 光学特性

水体光衰减与光散射的异常广泛应用于检测热液羽流。相对于水文特征，水体光学特征是"非守恒"的，其衰减特征取决于水体中颗粒物质的含量。光学异常比水文异常更容易检测，而且光学异常与温度异常有很好的相关性。光学性质的测量一般是在温盐深传感器（conductivity temperature depth, CTD）上加装浊度计或透光度计（或两者均有），一般与温度探测同时进行。

3. 化学成分

浮力羽流上升至中性浮力后，羽流中的一些化学成分如锰、铁、甲烷及其他多种化学指标的含量比周围海水高约 10^7 倍，距离喷口很远处都可探测到这些含量异常。在热液羽流的探测中，锰和甲烷是最常用的示踪物[128]。但在某些海域，如弧后扩张地区，锰和甲烷分布异常与热液过程无关，所以必须用物理和化学等其他多种独立的方法来联合鉴别水体异常，进而保证热液羽流辨识的可靠性。

4. 氧化还原势

氧化还原势（eH）又称氧化还原电位，是度量氧化还原系统中的还原剂释放电子或氧化剂接受电子趋势的一种指标。热液流体中富含还原性的物质，与海水接触后这些物质就会被氧化。因此，越低的 eH 值说明检测的热液流体越"新"。所以，采用 eH 传感器可以推测出热液流体从喷口喷发出的时间。一般情况下，如果检测到 eH 异常，则说明浮力羽流柱和热液喷口就在几百米附近，因此氧化还原势异常常作为热液羽流的非守恒示踪物，被广泛应用于热液浮力羽流探测。

5. 上升流

由于浮力羽流在到达中性浮力后仍具有较大的剩余动量，即相对于环境海水具有较大的垂向速度，因此水体的垂向速度异常也常作为浮力羽流的一种典型的非守恒示踪物。目前，声学多普勒流速剖面仪（acoustic doppler current profiler，ADCP）已经成为水下机器人的标准配置。利用 ADCP 即可以测出水体垂直剖面的速度，根据垂向速度异常可判断检测浮力羽流。

在本章的研究中，对热液羽流探测传感器及其数据处理和融合方法、算法不做讨论，假设 AUV 通过联合多种热液羽流示踪物的传感器检测信息，能够在线准确辨识出 AUV 在该位置检测到的是热液非浮力羽流、热液浮力羽流还是环境海水。因此，本章对 AUV 利用在其位置处的流向信息和在其位置是否检测到热液羽流（即将热液羽流感知作为二值逻辑，AUV 检测到热液羽流则感知输出为 1，否则为 0）的信息进行决策和规划，并追踪热液羽流。

6.4 浮力羽流追踪策略与算法

基于热液羽流分布的物理结构，AUV 追踪热液羽流的过程可以分为两个阶段：

① AUV 在距海面固定深度水平地追踪非浮力羽流到达浮力羽流顶端。

② AUV 在三维空间从浮力羽流顶端追踪浮力羽流到达海底喷口并对喷口进行精确定位。

针对 AUV 在二维水平面运动追踪非浮力羽流，第 3 章介绍了飞蛾行为仿生的策略和算法。本节重点介绍一种 AUV 在三维空间中运动追踪浮力羽流的策略和算法。

6.4.1 追踪策略

由于受到潮汐等水平流的作用，即使已经通过如 AUV 追踪热液非浮力羽流进而找到并定位追踪高度处的浮力羽流水平横截面位置，但热液喷口也不一定位于该浮力羽流横截面的正下方，因为它的位置与浮力羽流的平均上升速度和水平流的平均速度有关[80]。如图 6.3 所示，S 为 AUV 追踪非浮力羽流所在高度处的浮力羽流水平横截面，当 $R_{BP} > U_0 h_S / w_0$ 时（其中 R_{BP} 为截面 S 的特征半径，U_0 为平均水平流速，h_S 为截面 S 的高度，w_0 为浮力羽流的平均上升速度），则热液喷口位于 S 的正下方，如图 6.3（a）所示；而当 $R_{BP} < U_0 h_S / w_0$，则热液喷口位于 S 的上游，如图 6.3（b）所示。因此，即使已经通过调查船或 AUV 的探测确定了浮力羽流的顶端截面位置，也需要研究出有效的追踪策略和算法，实现 AUV 追踪该浮力羽流到达喷口位置，进而实现对喷口的精确定位。本节即研究 AUV 追踪浮力羽流到达海底喷口的策略和基于行为的规划算法。

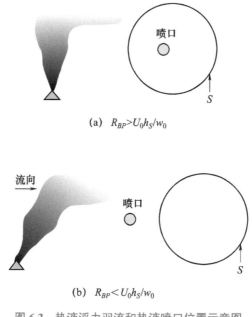

(a) $R_{BP} > U_0 h_S / w_0$

(b) $R_{BP} < U_0 h_S / w_0$

图 6.3 热液浮力羽流和热液喷口位置示意图

基于第 4 章的研究，一种非常直接且有效的 AUV 追踪热液浮力羽流的策略即为如图 6.4（a）所示的 AUV 在二维垂直面内追踪浮力羽流的"之"字形下降的追踪策略，即 AUV 模仿生物追踪羽流的"之"字形逆流向上游的策略，只是此处的"逆流向上游"方向为"向下"。

AUV 应用该策略高效追踪浮力羽流的关键是 AUV 的追踪路径位于浮力

羽流的垂直纵中剖面内，如图 6.4（b）所示，即包含热液喷口的垂直剖面，该垂直剖面的确定可以采用第 4 章研究的源头判断行为（Declare-Source）中的算法。因此，在本章的研究中，假设该剖面为浮力羽流追踪任务执行前的已知信息，在追踪策略的算法设计中不再考虑 AUV 自主对浮力羽流垂直纵中剖面的确定。

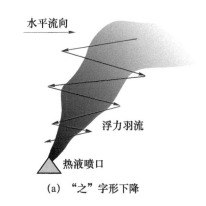

(a) "之"字形下降

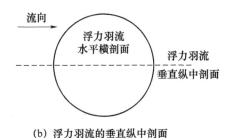

(b) 浮力羽流的垂直纵中剖面

图 6.4　"之"字形下降的浮力羽流追踪策略示意图

图 6.5 为 AUV 采用上述的"之"字形下降的浮力羽流追踪策略追踪浮力羽流的仿真结果。该仿真任务中的 AUV 规划、控制周期和探测传感器检测阈值设置同第 4 章中的非浮力羽流追踪的仿真。该仿真中，平均流向为沿 x 轴正向（0°），平均流速为 0.5 m/s，热液喷口的位置为（1 500, 0, 500）m。

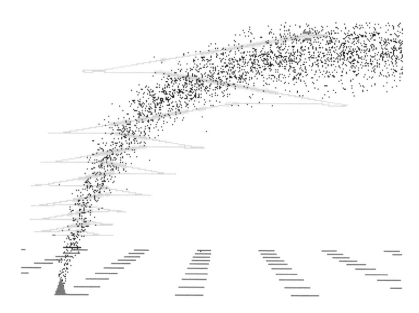

图 6.5　AUV 采用"之"字形下降追踪策略追踪浮力羽流的仿真结果

该仿真中，AUV 首先在（1 730, 0, 280）m 处进行任务初始化，然后转换至航行到浮力羽流截面中心行为，航行到（1 713.7, 0, 280）m 的位置（该位置由第 4 章中非浮力羽流追踪过程中 AUV 通过源头判断行为算法计算得到），然后采用该"之"字形的策略追踪浮力羽流。追踪的过程中，倾斜角度为 $10°$，设置 D_T 在 280 m 深度时为 70 m，在 480 m 深度时为 10 m，其间以线性方式减小。当 AUV 进行浮力羽流追踪任务的时间为 852.4 s 时停止仿真，此时 AUV 的位置为（1 494.5, 0, 450）m，AUV 正在执行探索羽流行为，最后一个检测到的羽流点的位置 LTDL_B 为（1 515.7, 0, 446.5）m。

从仿真结果可以看出，该策略可以实现 AUV 对浮力羽流的有效追踪，验证了我们提出的策略和设计的算法的有效性。

图 6.4 中的"之"字形下降追踪策略，模仿生物逆流追踪羽流的"之"字形运动，该策略在 AUV 准确位于浮力羽流的纵中剖面的情况下能够实现对热液浮力羽流的有效追踪，且在利用该追踪策略进行作业的同时，也获得了热液浮力羽流的分布数据，起到了一定的热液浮力羽流测绘作业的目的。但如果纵中剖面的计算不准确，AUV 在追踪羽流丢失后又采用寻找羽流行为找到羽流，之后如果仍

再采用该追踪策略，则需要其他的行为来重新计算浮力羽流的纵中剖面，这将消耗额外的任务时间。此外，热液喷口区域通常是多个喷口聚集在一起，虽然各喷口的喷发浮力羽流在刚喷发出来时可形成各自独立的浮力羽流，但在浮力羽流上升的过程中，由于其直径的不断增大，各浮力羽流将融合在一起，形成一个浮力羽流，因此采用"之"字形下降的追踪策略追踪多个临近喷口喷发的浮力羽流时，也将会在 AUV 接近海底喷口的时候发生羽流追踪丢失的情况，且通过寻找羽流行为找到羽流后，由于浮力羽流的直径较小，AUV 通过探测浮力羽流也难以确定其纵中剖面。

因此，本节提出一种垂直下降追踪策略，以解决上述问题。该追踪策略中不需要考虑 AUV 在某一个二维垂直剖面如何追踪浮力羽流，如果 AUV 检测到浮力羽流，则直接垂直向下追踪浮力羽流，如图 6.6 所示，当 AUV 追踪一定距离而没有检测到浮力羽流后，则在当前深度（或高度）的二维水平面、以当前的 AUV 水平位置为中心在局部范围内寻找羽流。当寻找到羽流后，再继续采用垂直下降的方式追踪浮力羽流，如此反复直到到达海底热源喷口的位置。

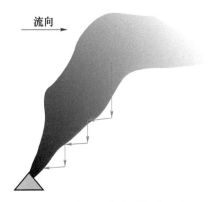

流向

图 6.6　垂直下降追踪策略示意图

浮力羽流与非浮力羽流的不同之处是，非浮力羽流分布在某一个固定的流层，AUV 位于该流层的二维水平面内，在水平面内追踪羽流即可到达其源头位置；而浮力羽流的直径从源头处向顶端逐渐增加，如果 AUV 未能在浮力羽流沿流向方向的纵中剖面内追踪到羽流，则将导致 AUV 在浮力羽流顶端向源头处追踪的过程中离开浮力羽流。基于上述考虑，设计如图 6.6 所示的追踪策略，即 AUV 直接向下运动以接近底端源头。该策略不考虑 AUV 如何在某一设定的二维垂直面内追踪羽流，只要其检测到羽流，则模仿飞蛾在检测到羽流时逆流向上游的羽流追踪行为，向底端方向运动直到离开羽流。离开羽流后，AUV 模仿飞蛾在追踪羽流丢失后在垂直于流向方向的羽流探索行为，在该高度处的水平面内寻找羽流，找到羽流后再向下运动，如此反复，直到到达底端源头位置。

6.4.2　追踪算法

本节设计的浮力羽流追踪行为算法包括：追踪羽流行为（Track-In 和 Track-Out 两个子行为）、探索羽流行为（Explore-Plume）和源头判断行为（Declare-Source）。

1. Track-In 行为

Track-In 行为的作用是 AUV 追踪热液浮力羽流到达海底。考虑到 AUV 的欠驱动特性，设计 Track-In 为三维空间的螺旋线，其示意图如图 6.7 所示。该行为调用路径跟踪制导函数 FollowPath 来实现 AUV 对该螺旋线的跟踪。

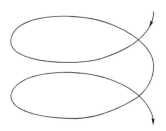

图 6.7　Track-In 行为示意图

三维空间螺旋线的参数方程如下：

$$x = a\cos t \tag{6.1}$$

$$y = b\sin t \tag{6.2}$$

$$z = ct \tag{6.3}$$

该三维空间螺旋线的参数选取，主要考虑 AUV 的动力学特性，a 和 b 可以设置为 $a = b =$ AUV 的回转半径 r，c 的选取主要考虑 AUV 的俯仰角。

当 AUV 检测到浮力羽流后，AUV 保持该行为追踪浮力羽流到达海底。同时，考虑到浮力羽流示踪物的不连续性，设置一个距离参数 D_T（D_T 应大于羽流的间断间距）。在 AUV 追踪羽流的过程中，如果在 D_T 距离内没有检测到浮力羽流，则 AUV 转换到 Track-Out 行为（由于浮力羽流的弯曲特性，以及浮力羽流的直径随浮力羽流的高度减小而减小，所以在 AUV 利用 Track-In 行为追踪羽流的过程中将会离开浮力羽流）。

同时，Track-In 行为可记录下来其在追踪过程中检测到的浮力羽流的水平位置 (x_T, y_T)，并计算这些位置在圆形轨迹 $x = a\cos t$，$y = b\sin t$ 上的中心，然后保存该中心 T_O，供其他的浮力羽流追踪行为调用。图 6.8 为浮力羽流追踪螺旋线俯视图。

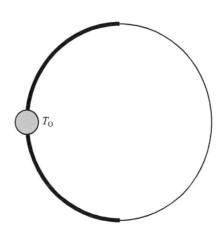

图 6.8　浮力羽流追踪螺旋线俯视图（粗线表示 AUV 在该位置检测到浮力羽流，T_O 为这些检测到的羽流的位置在圆形路径上的中心）

2. Track-Out 行为

Track-Out 行为控制 AUV 快速地在 Track-In 行为追踪羽流丢失后再次寻找到羽流。由于 T_O 表示在其位置附近 AUV 相对于其他位置能检测到更多的羽流，因

此 T_O 相对于该螺旋线上的其他位置更接近于浮力羽流的中心线（在如图 6.9 所示的 Track-Out 行为俯视图中，羽流的分布可以近似为高斯分布，因此越接近浮力羽流的中心线，AUV 将越能检测到更多的羽流）。因此在 Track-Out 行为中，AUV 运动轨迹同 Track-In 行为中的三维空间螺旋线，但该行为改变螺旋线的中心为 Track-In 行为中计算得到的 T_O。

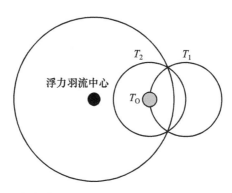

图 6.9　Track-Out 行为俯视图（T_1 为 Track-In 行为的螺旋线，T_2 为紧接着的 Track-Out 行为的螺旋线，其中心为 Track-In 行为中计算得到的中心 T_O）

当 AUV 在 Track-Out 行为中检测到浮力羽流后，则 AUV 转换到 Track-In 行为继续追踪浮力羽流，其 Track-In 行为的螺旋线中心为 T_O。通过上述算法，AUV 通过 Track-In 和 Track-Out 行为，一方面向着海底方向运动，同时也向着浮力羽流的中心线方向运动。如果 AUV 在 Track-Out 行为中航行垂向距离 D_O 而没有检测到浮力羽流，则 AUV 转换到 Explore-Plume 行为。

3. Explore-Plume 行为

如果 Track-Out 行为追踪羽流丢失，则 AUV 转换到 Explore-Plume 行为，在 T_O 附近搜索羽流。如果 AUV 在 Explore-Plume 行为搜索羽流的过程中检测到羽流，则 AUV 转换到 Track-In 行为。

Explore-Plume 行为调用路径跟踪制导函数 FollowPath 来使 AUV 沿 Archimedes 螺旋线的搜索路径运动，该螺旋线的中心设置为 T_O，如图 6.10 所示。由于浮力羽流的直径随其接近海底而减小，螺旋线的参数 D_R 也应该随着 AUV 距离海底的高度降低而减小（D_R 应该小于浮力羽流的直径以保证该螺旋线能够接触到浮力羽流）。螺旋线的覆盖距离 R_R 应该足够大，以覆盖足够大的区域（考虑到浮力羽流的直径和浮力羽流的弯曲），保证 AUV 能够检测到浮力羽流。同时，当 AUV 接近海底时，D_R 也应该相应地减小。如果 AUV 执行该螺旋线的搜索而没有检测到浮力羽流，则 AUV 转换搜索方向再次执行搜索，如图 6.10 中虚线所示，直到找到羽流。

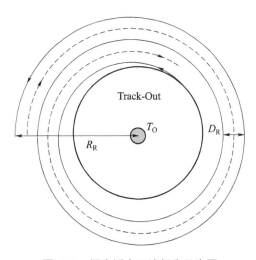

图 6.10　探索浮力羽流行为示意图

　　在浮力羽流追踪过程中，当浮力羽流的半径小于 AUV 的最小回转半径时，使用如图 6.10 所示的螺旋形路径，当浮力羽流位于螺旋线的内部时，AUV 可能无法检测到浮力羽流。因此，在 AUV 追踪浮力羽流的过程中，如果热液浮力羽流的半径接近或者小于 AUV 的回转半径（热液浮力羽流的直径信息可作为 AUV 执行浮力羽流追踪任务的先验信息），Explore-Plume 行为首先使用如图 6.11 所示的搜索路径来寻找羽流，其参数方程为：$x = R\cos(6t)\cos(3t)$，$y = R\cos(6t)\sin(3t)$（R 为方程的设计参数，取 $R = 20$）。该搜索路径能够覆盖较小的区域，因此当热液浮力羽流的半径小于 AUV 的回转半径时该路径也能够保证 AUV 检测到浮力羽流。如果 AUV 沿该路径搜索没有检测到羽流，则 AUV 转换到如图 6.10 所示的螺旋线继续追踪羽流。

为了提高搜索任务的效率，上述螺旋线搜索可以在三维空间中进行。因此，当 AUV 利用 Explore-Plume 行为搜索羽流时，AUV 也向着海底的方向运动。

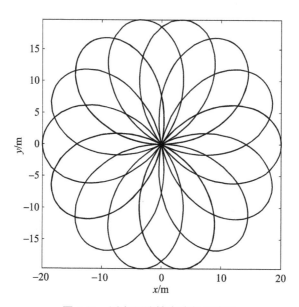

图 6.11　浮力羽流搜索路径示意图

4. Declare-Source 行为

当 AUV 追踪浮力羽流到距离海底热液喷口一定的高度处 D_D（D_D 的选取主要考虑 AUV 的安全性）时，Declare-Source 行为激活，表明 AUV 已经找到一个热液喷口。由于热液浮力羽流的直径在喷口上方的尺度通常为米的量级，因此利用 Track-In 行为中最后检测到羽流的位置作为估计的喷口位置 V_E，其估计误差也为米的量级。

为了实现热液喷口位置的进一步精确定位，Declare-Source 行为可以进行一个浮力羽流的测绘行为（如图 6.11 所示），该路径的中心可设置为估计得到的喷口的位置，然后利用 AUV 测绘浮力羽流的路径点，获得浮力羽流位置点中心，进一步精确估计热液喷口位置。

6.5　浮力羽流追踪计算机仿真

为了验证算法的有效性，利用第 2 章所介绍的计算机仿真环境，对浮力羽流追踪策略进行仿真验证。

图 6.12 为一个热液浮力羽流追踪的仿真结果。该仿真中，AUV 利用垂直下降追踪策略在三维空间中从浮力羽流顶端追踪浮力羽流到达海底热液喷口位置。在该仿真中，设置了三个热液喷口，位置分别为（500，0）m、（515，15）m 和（500，−40）m。三个喷口喷发的热液羽流喷出后在一定高度融合成一个热液浮力羽流。

在该仿真中，AUV 于（600，−10，170）m 开始浮力羽流追踪任务，然后利用 Track-In 行为追踪浮力羽流。Track-In 行为的参数设置为：$a = b = 1$，$c = 1$，$D_T = 5$ m。当 AUV 利用 Track-In 行为在追踪羽流的过程中离开羽流后，Track-Out 行为激活，驱动 AUV 向浮力羽流的中心线方向移动来重新检测羽流，其中参数 D_O 设置为 10 m。如果 Track-Out 行为没有检测到羽流，则 AUV 转换到 Explore-Plume 行为，利用 Archimedes 螺旋线来搜索羽流，其中螺旋线的中心设置为 T_O。考虑到浮力羽流的直径随着浮力羽流的高度减小而减小，设置参数 D_R 随 AUV 的高度（也即浮力羽流的高度）减小而线性减小，来保证 Archimedes 螺旋线能够检测到浮力羽流。当 AUV 追踪浮力羽流到达热液喷口上方高度处 30 m 时，Declare-Source 行为激活，并且利用最近检测到的浮力羽流位置估计热液喷口的位置为（19.96，14.11）m［真实的位置为（515，15）m］。该任务的执行时间为 695 s。从上述仿真结果可以看出，我们设计的浮力羽流追踪算法是有效的。

图 6.13 为 AUV 追踪非浮力羽流和浮力羽流的一个完整的仿真结果。该仿真中，AUV 首先在二维水平面追踪非浮力羽流，在该过程中如果检测到浮力羽流的示踪物，则 AUV 转换到在三维空间中追踪浮力羽流的过程。该仿真中，我们设置二个热液喷口，位置分别为（1 000，0）m 和（1 025，−25）m（这两个热液浮力羽流在上升过程中融合成一个热液浮力羽流）。在该仿真中，AUV 于（2 000，−500，

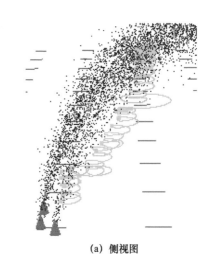

(a) 侧视图

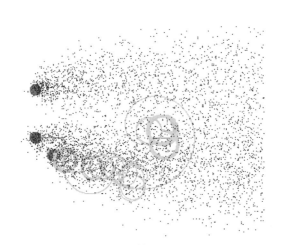

(b) 俯视图

图 6.12　在三维空间中追踪热液浮力羽流的一个仿真结果

200)m 处开始浮力羽流追踪任务,然后利用非浮力羽流追踪策略追踪非浮力羽流。在该过程中,当 AUV 在 (1 216.06, 3.00) m 处检测到浮力羽流示踪物后,则转换到浮力羽流追踪策略来追踪浮力羽流。当 AUV 追踪浮力羽流到达喷口上方高度 30 m 后,Declare-Source 行为激活,并应用浮力羽流测绘行为在喷口上方按图 6.11 所示的路径采集浮力羽流的分布数据,基于该数据估计(采集到的浮力羽流的位置的中心点）热液喷口的位置为（1 031.74, –24.40）m [真实位置为（1 025, –25）m]。该任务的执行时间为 1 906.4 s。

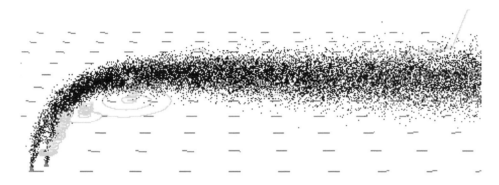

图 6.13　热液非浮力羽流和浮力羽流追踪仿真结果（1）

图 6.14 为另一个热液浮力羽流和非浮力羽流追踪的仿真结果，但该仿真与图 6.13 所示的仿真有以下二处不同：

① 在如图 6.14 所示的仿真中，浮力羽流追踪中 Explore-Plume 行为中所采用的 Archimedes 螺旋线扩展到三维，以提升 Explore-Plume 行为的执行效率（AUV 在 Reacquire-Plume 行为中也向着海底方向运动）。

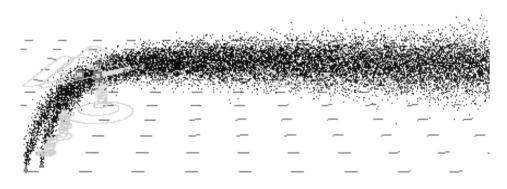

图 6.14　热液非浮力羽流和浮力羽流追踪仿真结果（2）

② 在如图 6.14 所示的仿真中，AUV 在追踪非浮力羽流的过程中，当检测到浮力羽流的示踪物后，AUV 应用非浮力羽流追踪策略的 Declare-Source 行为来确

认 AUV 是否到达了浮力羽流的顶端位置。

由于联合应用了 Declare-Source 行为和浮力羽流示踪物检测信息，Declare-Source 行为仅采用三个 LTDL-S 点来判断浮力羽流顶端位置。该仿真的执行时间为 2 175.5 s。

第 7 章

AUV 化学羽流测绘

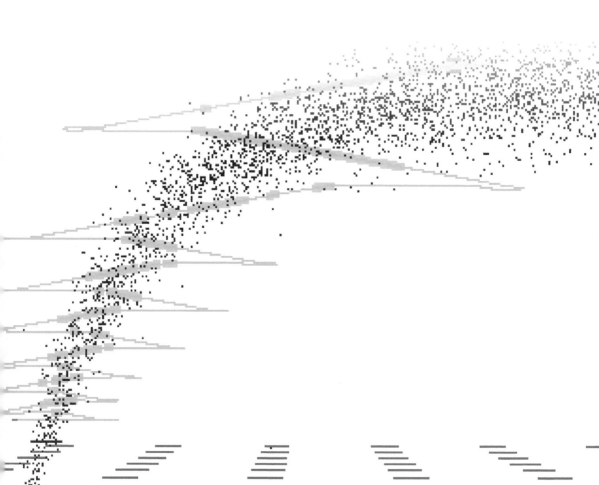

7.1　概　　述

利用机器人采集环境要素数据，并基于其采集数据对环境要素的时空分布进行估计和预测，具有重要的应用前景。本章针对该问题进行研究。首先对机器人环境要素测绘中的一项代表性应用——无线通信信道测绘进行介绍，然后重点针对 AUV 对化学羽流测绘进行研究。

由于获取化学物质等羽流示踪物的高分辨率时空分布数据，在环境监测、羽流时空分布模型研究、羽流示踪物时空分布特性研究等方面具有重要需求。因此，除了对 AUV 自主追踪羽流进而定位羽流源头的研究之外，对利用 AUV 自主观测化学等羽流以高效获取期望的羽流示踪物时空分布数据也是 AUV 环境监测的一项重要研究工作。

针对 AUV 海洋要素自主测绘，国际上也已经开展了大量的研究工作，该项研究工作的主要内容为：研究和设计 AUV 基于作业任务目标、待测绘海洋环境要素的时空分布特性及模型等先验信息、AUV 在线采集的测量数据等，在任务执行过程中在线实时规划其最优测绘路径的策略、方法和算法，以实现 AUV 自主地以高效、最优的方式采集到所需的海洋环境要素时空分布数据。综合分析国际上针对该问题的研究内容和研究成果，可基于规划出的 AUV 海洋环境要素测绘路径是否体现出一定的形式或模式，将目前的主要研究思路和研究成果分为以下两类。

1. AUV 的测绘路径无一定的模式或形式

对于 AUV 海洋环境要素自主测绘，一类典型的任务是：AUV 采集一个设定区域中的标量要素场，如温度场、盐度场，或者化学要素场的时空分布数据。受 AUV 的能源和任务要求的执行时间等约束，AUV 通常无法对整个区域的所有位置都进行观测，它仅能采集其中部分位置点的数据，未被 AUV 采样的数据点，其数据需要利用 AUV 采样点的数据通过如时空插值等方法来估计获得。因此，

AUV 采集到的数据质量直接决定未采样点的数据质量（数据的准确程度），也即测绘的性能。

因此，该方面研究的基本思路和策略是：基于未被 AUV 采样位置处的要素估计值的准确程度，规划 AUV 采样点的位置（也即 AUV 的测绘路径），即通过优良的测绘路径获得的信息，更为准确地获得整个要素场的时空分布数据。

从目前的研究成果可以看出，该方面的研究已经形成一个基本的研究思路，即以减小通过如时空插值等方法估计得到的未直接测量数据的不确定性（也即提高估计数据的准确性）为目标，优化 AUV 的测绘路径[30]。围绕这个基本思路，国际上仍在开展相关的研究工作，用以提升各种方法和算法的性能。同时，从目前的研究成果也可以看出，由于该方面研究的测绘对象通常为设定区域中的无特征的标量要素场，其目的是获取设定区域中的要素场的准确时空分布数据，因此针对不同的要素场及其不同的分布情况，规划出的 AUV 的测绘路径为测绘区域中的曲线，且随测绘要素不同而不同，而且路径不具有固定的形式或模式。此外，由于该方面研究的规划方法和算法实现较为复杂，所以它目前在各种海洋要素测绘中的实际应用还比较少，主要是各种方法和算法的仿真研究和实验。

2. AUV 的测绘路径体现出一定的模式或形式

在上面介绍的研究中，AUV 的测绘路径无一定的模式或形式。但在许多 AUV 海洋环境要素测绘任务中，或者是出于 AUV 测绘路径的设计、优化及实现的便利性等方面的考虑，或者是由于测绘的海洋要素对象体现出了一定的特征而需要 AUV 的测绘路径满足特征测绘的任务要求等，使设计的或实际规划出的 AUV 测绘路径体现出一定的模式或形式。

在实际的海洋要素测绘任务中，应用最为广泛的测绘路径是常规的梳形路径。此外，根据测绘海洋要素的分布特征、测绘任务的要求和测绘平台的功能特点，针对海洋环境要素测绘，研究人员也研究和设计了其他形式的测绘路径，如测绘深海热液浮力羽流顶端设计的螺旋线形式的测绘路径。除了梳形测绘路径，另一种应用广泛的路径为"之"字形路径，如水下滑翔机对海洋环境要素进行测绘所采用的"之"字形路径。之所以采用这种路径形式，主要是因为滑翔机在水下的滑翔运动形式基本为"之"字形[129]；同时，"之"字形的测绘路径也是船载拖体进行海洋环境要素测绘时广泛采用的形式（Yo-Yo）。"之"字形的测绘路径，可视作梳形路径的变体，即测线由直线改变为斜线，且"之"字形测绘路径更适合 AUV 在垂直剖面测绘海洋环境要素。

综合分析国际上的研究，第二方面的研究中，"之"字形的测绘路径是研究和实际应用中较为广泛的路径形式（常规的梳形路径也可以看成是"之"字形路径的一种形式），不仅可以获取无特征标量要素的时空分布数据，还可以应用于如边界或锋面等特征的时空分布数据的采集。

对于海洋环境中化学羽流的探测，AUV 的主要任务目标是快速、高效地获取羽流的位置、尺度、示踪物组分浓度的时空分布等信息，即羽流测绘。通过上述自主机器人羽流测绘和 AUV 海洋环境要素自主测绘的研究现状分析，发现"之"字形的测绘路径是目前在实际应用中 AUV 测绘羽流和海洋环境要素的一种重要的、基本的路径形式，也是 AUV 测绘羽流的一种有效的路径形式。因此，本章基于仿生行为的自主机器人以"之"字形的运动路径追踪湍羽流的研究思路和研究结果，以 AUV 实现羽流追踪的"之"字形运动的仿生行为为基础，设计和优化 AUV 测绘海洋环境中化学羽流的"之"字形运动的行为。

7.2　机器人无线通信信道测绘

无线通信是陆地无线传感器网络、多机器人协同等应用中的关键。了解信号源发射的信号强度（或信噪比）的空间分布，以及任意空间位置间的信道特性（如对信号的衰减），对于上述应用具有重要意义。例如，规划节点的位置和运动策略、优化和规划网络路由和通信策略等，以实现节点对环境的最优观测，同时保证节点间或节点与通信基站间的最优通信。在复杂室内或自然环境中，无线电信号的传播，除了受与距离有关的衰减影响外，还受到空间中非均匀分布的复杂地形以及静态或动态障碍物等的干扰，进而使信源发射的信号能量在空间中形成一个难以用连续光滑函数描述的标量场。此外，空间位置之间的信道特性也不尽相同。信号强度或信道特性的空间分布，虽可以利用计算机求解麦克斯韦电磁方程获得，但由于难以精确给出复杂环境中如地形或障碍物的几何、电磁属性等计算所需的条件，该方法往往难以获得满足无线传感器网络或多机器人系统实际应用需要的精确结果。因此，为满足实际应用需求，对无线电信号强度或信道特性参数的空间分布进行直接测量成为一项研究课题。

在无线信号强度或信道特性参数的空间分布测量中，获取不同空间位置处的测量数据以及利用获取的有限测量数据重建出满足精度要求的信号强度或信道特性参数空间分布场，是其中的关键问题。文献［130］中利用在测量区域内均匀分布的传感器阵列测量信源发射的无线电信号强度，并利用克里金方法对测量数据插值求得未测量点的无线电信号强度值。这种布放传感器阵列以获取测量数据的方法，需要布放数量众多的传感器。因此，为节省成本，众多研究和应用中均采用移动平台在不同位置进行测量以获取数据，如文献［131］中利用搭载水声通信机的移动船只在港口区域内测量接收到的信源发射的水声信号强度、信噪比等空间分布。而在这些移动平台中，自主移动机器人为测量无线信号强度和信道特征参数的空间分布提供了一种更为低成本和高效的手段。因此，近年来利用自主移动机器人测量并重建（测绘）无线电信号强度和信道特征参数空间分布场成为该领域关注和发展的热点。

自主机器人对无线电信号强度或信道特征参数空间分布进行自主测绘，是一个典型的机器人环境探索和构图问题（exploring and mapping）。该应用中，机器人探索环境并利用搭载的无线电信号测量传感器接收其运动路径上信源发射的无线电信号，并根据在不同地理位置上接收的信号值，通过插值、估计等算法构建信号强度或相应位置信道特征参数等随空间位置变化的分布图。因此，该问题主要涉及相互关联和影响的三个方面：

① 利用机器人在运动路径上接收的信号构建满足精度要求的空间分布图；

② 机器人在环境中的精确定位；

③ 机器人的路径规划。

针对无线信号或信道测量，目前国际上对这三个方面的问题都开展了相应的研究工作。其中，空间分布图的表示和构建是研究的一个重点。

分析目前国际上的研究现状，构建的空间分布图可划分为以下两种形式。

第一种是构建固定基站发射的信号强度空间分布图，以满足节点与固定基站通信应用的需求。无线电信号的传播可以由如下模型所描述[132]：

$$y = L_0 - L_a - S - F - \varepsilon \tag{7.1}$$

其中，y 为接收信号强度，L_0 为发射信号强度，L_a 为信号强度在自由空间中的传播损失［由随距离衰减的参数化模型（如指数模型）来表示］，S 为中尺度的衰落（由障碍物的遮挡引起），F 为小尺度的衰落（主要为多途效应），ε 为测量和环境噪声。因此，构建该空间分布图的典型方法是利用获取的测量数据估计该模型的参数[130,133]，即利用参数估计方法和算法求解信号在空间中的传播损失 L_a 的参数，以及通常建模为空间随机场的 S 的参数（如描述空间数据相关性的高斯过程方法中的方差或克里金等统计方法中的变异函数的参数）（F 和 ε 常作为噪声处理），进而基于估计得到的模型参数和测量数据，可进行最优插值以获得信号强度的空间分布。

文献［134］利用近年来提出的压缩感知理论，研究并证实了无线电信号的可压缩性，进而可利用较少的测量数据精确构建出信号的空间分布。

在多机器人等分布式系统应用中，节点除了与固定基站通信之外，节点之间也需要通信，所以构建的第二种分布图是任意信源位置 (x_1, y_1) 和任意接收位置 (x_2, y_2) 之间信号强度或信道特性分布图。与上述的二维空间分布图构建不同，构建该分布图是一个四维问题。

文献［135］研究了一系列固定空间位置中任意两个发射和接收位置之间的无线信号强度图，利用图论将空间位置及其连接表示为拓扑图，其边则可表示空间位置之间通信的信号强度。

文献［136］研究了利用机器人构建空间任意位置之间的信道特性分布图。为了解决该四维问题，该文采用了如式（7.1）所示的无线电传播模型，并将其中的

S 建模为障碍物对信号传播的影响；利用多机器人在运动过程中相互发射和接收的无线电信号估计其传播路径上的障碍物属性（障碍物位置及其对信号传播的影响），进而基于估计得到的无线电传播模型和该障碍物属性分布图可获得任意位置之间的信道特性。

文献［137］也研究了构建空间位置及其对无线电信号传播影响的分布图，并利用栅格表示地图，栅格数值表示无线信号在该栅格中传播的损失。

为实现机器人准确和精确地构建信号强度或信道特性空间分布图，机器人必须具有足够的定位精度以准确记录信号的测量位置。有多种方法和手段可实现机器人的精确定位，而其中，利用无线电信号强度分布图也可辅助实现机器人的精确定位。

利用已知的无线电信号强度分布图进行机器人定位，国际上已经开展了大量的研究工作，在此不再赘述。

在机器人无线信号测量任务中，不具有已知的信号强度分布图，因此机器人在作业过程中为了利用信号强度分布图辅助其定位，就必须利用同步定位与地图构建技术（SLAM）来同时构图并进行定位。如文献［138］利用高斯隐变量模型研究了 WiFi-SLAM 问题，同时测绘 WiFi 信号强度分布图并利用其辅助提高机器人定位精度。

此外，在上述基础上，研究机器人以何种运动路径对空间区域进行探索，以便优化收集测量数据，进而以最少的任务时间等代价获取有利于分布图快速精确构建的数据，也是研究的一个重要方向。

文献［138］针对多机器人协同测绘一系列固定通信位置间的信号强度图，研究了多机器人探索该拓扑图的最短路径优化问题。

文献［139］研究了机器人构建固定基站发射的无线电信号强度分布图并定位信源问题，研究了机器人的路径规划算法，控制机器人向最能减小上述无线电传播模型参数的估计不确定性方向探索环境，收集下一步的测量数据。

综合分析国际上的研究现状，针对无线电信号强度和信道特性的测量和空间分布图构建，国际上已经开展了诸多的研究工作。主要工作是基于测量数据的信号强度图进行构建。由于无线电传播可以很好地由参数化的模型所描述，因此上述各研究工作中的构图、定位和路径规划都以如式（7.1）所示的模型为主。另外，目前对构图、定位和路径规划的研究都以单项技术的研究为主。而在实际机器人应用中，无线信号强度或信道特性参数测绘需要将规划、定位和地图构建问题进行综合考虑和系统研究，才能使机器人良好地完成任务；而这方面的研究工作仍需深入开展，特别是针对多机器人应用。

此外，在目前的研究中，在无线电信号强度或信道特性的测绘中，对环境信息的测量和利用不够深入。因为无线电信号的传播受环境影响，所以环境能为信号强度或信道特性分布图的快速精确构建以及机器人的探索路径规划提供重要信息。另外，无线电信号测量信息与环境测量信息的融合和利用，也是该领域需要进一步深入开展的研究工作。

7.3　自适应梳形羽流测绘策略

常用的利用 AUV 进行羽流测绘的策略是对设定区域进行常规梳形探测，AUV 以预规划的方式完成观测任务。这种预规划方式的缺点是 AUV 可能会在较长的测线上检测不到羽流，获取有效信息的效率较低，且 AUV 的自主能力也没能得到有效发挥。此外，在非均匀和非定常流场的作用下，羽流在长距离扩散后会发生弯曲，难以事先确定其分布范围，所以通常也难以预先设定有效的 AUV 探测区域。为了提高基于 AUV 的羽流测绘作业效率，针对二维水平面非浮力羽流测绘问题，本节提出一种自适应梳形羽流测绘策略，即 AUV 在二维水平面航行，如果在当前测线上离开羽流一段距离后仍没有检测到羽流，就结束当前测线，进入下一条测线。该策略假设 AUV 从羽流的下游开始测绘作业，当完成当前测线的探测后，沿逆流方向向上游进行探测作业。梳形羽流探测示意图如图 7.1 所示。

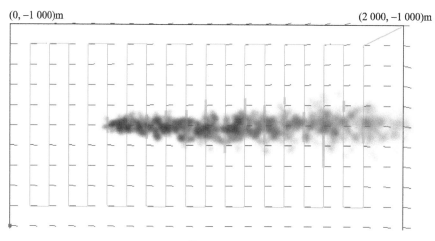

(0, -1 000)m　　　　　　　　　　　　　　　　　　　　(2 000, -1 000)m

图 7.1　梳形羽流探测示意图

7.3.1　基于行为的规划算法设计

针对自适应梳形羽流探测，定义和设计的 AUV 行为及行为之间的转换逻辑如下，具体设计原理结合仿真进行说明。

1. 初始化行为（I）

对观测作业和 AUV 行为中的参数进行初始化，如观测区域 $[X_{\min} X_{\max} Y_{\min} Y_{\max}]$、测线间距 L、AUV 的航行速度 V_C、AUV 的航行深度 d、AUV 的观测任务开始位置 (x_S, y_S)、观测任务结束后的出水回收位置 (x_E, y_E) 等。当该行为成功完成后，输出事件 I_s 到监控器。

2. 航行到观测开始位置行为（G）

该行为控制 AUV 从当前位置航行到指定的观测任务开始位置 (x_S, y_S)。该行为调用制导函数 GoToPoint(x_S, y_S)，当 AUV 当前位置 (x, y) 与 (x_S, y_S) 之间的距离小于设定参数 R_G，即 $\sqrt{(x - x_S)^2 + (y - y_S)^2} < R_G$ 时，该行为成功完成，输出事件 G_s 到监控器。

3. 测线端点计算行为（W）

该行为根据 AUV 的观测作业区域、上一条测线位置、设定的测线间距 L 和 AUV 的当前位置，计算 AUV 跟踪的下一条测线的起点 (x_1, y_1) 和终点 (x_2, y_2)，并判断计算出的下一条跟踪测线是否位于设定的观测区域内，如果位于观测区域内则输出事件 W_s 到监控器；否则，如果计算出的下一条跟踪测线位于设定的观测区域之外，则说明该设定区域的羽流探测任务已经完成，该行为输出事件 W_n 到监控器。

4. 测线跟踪行为（T）

该行为控制 AUV 跟踪测线端点计算行为计算出的以 (x_1, y_1) 为起点、以 (x_2, y_2) 为终点的测线。该行为调用路径跟踪制导函数 FollowPath 跟踪该测线。如果 AUV 在当前测线上检测到羽流，则 AUV 保存第一个检测到羽流的位置为 FTDL（first tracer detected location），并输出检测到羽流的事件 T_d 到监控器；如果跟踪测线的距离超过设定的长度 D_T 而没有检测到羽流，则输出事件 T_n 到监控器；如果 AUV 已经跟踪该侧线到达设定的观测区域的边界，则输出事件 T_e 到监控器。

5. 羽流观测行为（M）

该行为是 AUV 检测到羽流时对羽流的观测行为。该行为调用制导函数 FollowPath，跟踪以 FTDL 为起点的射线，该射线的方向为相对于逆流方向 sign (θ_M)，其中 θ_M 为设计参数，在本书定义的坐标系中，符号 sign 为 "+1" 时，AUV 从左向右运动（以逆流向上运动为参考）；符号 sign 为 "−1" 时，AUV 从右向左运动。如果在观测过程中，AUV 没有检测到羽流，则 AUV 记录最后一次检测到羽流的位置为 LTDL（last tracer detected location），并输出事件 M_n 到监控器。

6. 羽流探索行为（O）

该行为是 AUV 没有检测到羽流时对羽流的探索行为。该行为仍是调用制导函数 FollowPath，跟踪以 LTDL 为起点的射线，该射线的方向为相对于逆流方向 $\text{sign}(\theta_O)$，其中 θ_O 为设计参数。如果在探索过程中 AUV 检测到羽流，则保存该位置为 FTDL，并输出事件 O_s 到监控器。如果 AUV 在该测线方向上探索的距离超过设定的长度 D_O 而没有检测到羽流，则该行为输出事件 O_n 到监控器。

7. 测线重新观测行为（R）

该行为控制 AUV 重新跟踪上一条测线，该行为调用 FollowPath 控制 AUV 跟踪以当前位置为起点，方向与上一条测线相反的射线。如果 AUV 在跟踪过程中检测到羽流，则记录该检测点为 FTDL 并输出事件 R_s 到监控器；如果 AUV 跟踪该测线超过设定的长度 D_R 而没有检测到羽流，则输出事件 R_n 到监控器；如果 AUV 已经跟踪该测线到达设定的测绘区域边界，则输出事件 R_e 到监控器；如果 AUV 连续执行该行为的次数达到指定次数 N_R，则该行为输出事件 R_t 到监控器。

8. 返航行为（H）

控制 AUV 从当前位置航行到出水回收点 (x_E, y_E)。该行为执行制导函数 GotoPoint (x_E, y_E)，当 AUV 的当前位置 (x, y) 与 (x_E, y_E) 的距离小于设定参数 R_B，即 $\sqrt{(x-x_E)^2 + (y-y_E)^2} < R_B$ 时，则该行为成功完成，输出事件 H_s 到监控器。

9. 任务结束行为（E）

AUV 观测作业结束，上浮出水，并保持 AUV 在出水位置 (x_E, y_E) 附近等待回收，该行为输出事件 E_s 到监控器。

图 7.2 为自适应梳形羽流探测策略的行为转换逻辑，监控器为基于图 7.2 设计的有限状态自动机。

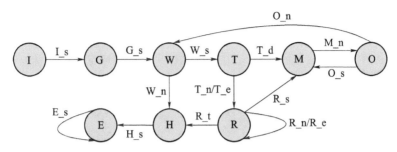

图 7.2　自适应梳形羽流探测行为转换逻辑

7.3.2　计算机仿真

图 7.3 为在仿真环境中运行得到的自适应梳形羽流探测仿真结果。在仿真中，AUV 的规划和控制周期分别为 1 s 和 0.1 s，流速、流向传感器和羽流示踪物的传感器为理想传感器并且采样频率为 10 Hz。

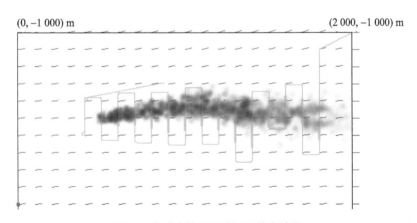

图 7.3　自适应梳形羽流探测仿真结果

在该测绘任务中，海洋的平均流向为水平向右，探测区域设置为 [100　1 800　−900　−100] m，AUV 的航行速度为 2.5 m/s。AUV 首先在（1 990，−990）m 位置处初始化其作业任务参数，然后转换到航行到观测开始位置行为（G），控制 AUV 航行到任务开始位置（1 800，−900）m，然后 AUV 切换到测线端点计算行为（W），计算出第一条测线的起点和终点分别为（1 800，–900）m 和（1 800，–100）m，然后 AUV 转换到测线跟踪行为（T）跟踪该测线。如果 AUV 跟踪测线到观测区域的边界也没有检测到羽流，则说明 AUV 已经横向穿越了羽流。考虑到羽流的不连续性，AUV 转换到测线重新观测行为（R）来重新在该测线上寻找羽流，直到检测到羽流。检测到羽流后，AUV 转换到羽流观测行为（M）。同样，考虑到羽流的不连续性，如果在观测过程中，AUV 没有检测到羽流，并不意味着 AUV 已经离开羽流，因此 AUV 需要在该方向继续探索一定距离 $D_O = 80$ m，来确保 AUV 的确已经离开了羽流。观测和探索的方向可以根据实时测量得到的流向来计算，但在本节假设已经知道平均流向为 0°，并且设置 θ_M 和 θ_O 均为 90°。如果 AUV 在探索的过程中检测到羽流，则 AUV 继续观测羽流；否则说明 AUV 已经从羽流的另一侧离开了羽流，AUV 需要转换到测线端点计算行为（W）计算下一条测线的起点和终点，并且跟踪它。在本仿真中，下一条测线为与当前测线平行且间距 L 为 100 m 的测线，但是测线起点的 y 坐标与当前 AUV 的 y 坐标相同。如果 AUV 在测线跟踪过程中跟踪测线的距离超过 $D_T = 200$ m 而没有检测到羽流，或者说明 AUV 已经横穿过羽流（由于羽流的不连续特性），或者说明 AUV 已经位于羽流源头的上游方向。在第一种情况下，AUV 需要重新在该测线上观测；在第二种情况下，如果 AUV 连续执行 $N_R = 3$ 次测线重新观测行为而没有检测到羽流，则说明 AUV 已经位于羽流源头的上游位置，观测任务结束，AUV 转换到返航行为，航行到回收位置等待回收。

7.3.3 罗丹明羽流测绘海上实验

为了对提出的策略和算法进行验证，中国科学院沈阳自动化研究所在大连湾海域进行了自适应梳形羽流观测实验，图 7.4 为实验区域 Google Earth 地图。该实验区域的水深为 4～10 m，海流以潮汐流为主，海洋流均具有复杂、时变的特点。此外，实验海域的流场分布也受该区域的地形影响。在实验期间，通过 AUV 搭载的 DVL 测得的流速为 0～14 cm/s。

图 7.4　实验区域 Google Earth 地图

由于该海域没有可供探测和追踪的自然羽流,因此实验期间用泵向水中释放罗丹明水溶液(罗丹明释放量为 1~2 g/min),释放的罗丹明在海流的作用下扩散形成羽流,图 7.5 为源头附近形成的罗丹明化学羽流。

图 7.5　源头附近形成的罗丹明化学羽流

为了便于观察羽流的扩散情况，实验中将羽流的源头置于水面以下 0.5、1.0 或 1.5 m（视当时海面波浪情况而定）。由于羽流分布在近水面，所以羽流的分布除了受海流影响外，还受到表面波浪的影响。近水面释放羽流，可直观地观察到羽流的分布，给实验带来了很大的方便。在实验中，罗丹明在距离羽流源头约 350 m 的范围内可以被传感器检测到，并可以被肉眼观察到，如图 7.6 所示。

实验应用的 AUV 为中国科学院沈阳自动化研究所研发的小型 AUV，其在本书第 8 章详细介绍，在此不再赘述。

图 7.6　可直接观察到的罗丹明化学羽流

图 7.7、图 7.8 为 AUV 采用本节设计的规划算法进行的自适应梳形羽流探测策略测绘罗丹明羽流的实验结果。该实验结果所用的坐标系的原点定义为 AUV 被布放的位置，羽流源头也位于坐标系的原点附近。图 7.7（a）为 AUV 的航迹，航迹上的短线表示该位置处由 DVL 传感器数据估计得到的流速和流向；图 7.7（b）为检测罗丹明浓度的荧光计读数随时间变化曲线。图 7.8 为利用 AUV 搭载估计得到的流速和流向随时间变化曲线。

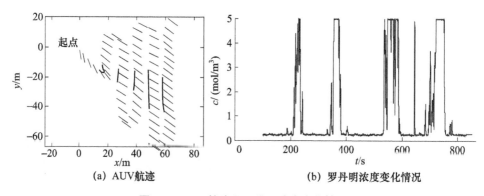

(a) AUV航迹　　　　　(b) 罗丹明浓度变化情况

图 7.7　AUV 航迹和罗丹明浓度变化情况

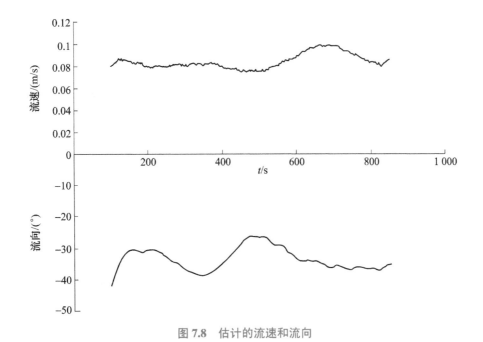

图 7.8　估计的流速和流向

　　该实验中，AUV 从（0，0）m 位置出发，从上游方向开始向下游方向运动进行化学羽流探测。首先航行到（20，−20）m，然后开始检测罗丹明化学羽流，在（62，20）m 位置处结束任务，任务执行时间为 850 s。该任务中，两条羽流测线之间的距离为 10 m，AUV 航行的平均深度和平均速度约为 1.6 m 和 0.45 m/s。在距离羽流源头 30.0、40.0、50.0 和 60.0 m 处，羽流的宽度分别为 15.5、22.4、29.7 和 43.7；在 30.0 m 与 40.0 m、40.0 m 与 50.0 m 和 50.0 m 与 60.0 m 之间，计算得到的羽流中心线的方向分别为 27.9°、11.9° 和 11.7°。从实验结果可以看出，羽流的分布具有不规则、不连续性，且在随流扩散的过程中其宽度也在增加。

　　从实验结果可以看出，AUV 作为羽流观测平台，可以获得高分辨率的羽流和流场分布数据；同时，发挥 AUV 的在线决策和规划能力的自适应梳形羽流观测，AUV 主要围绕羽流进行观测，相比于预规划的梳形羽流观测，自适应梳形羽流观测可显著提高测绘作业效率，获得更好的羽流测绘结果。

7.4 无源动态羽流追踪观测

7.4.1 问题描述

目前，羽流或海洋要素的测绘研究和应用，大多针对羽流或海洋要素已经得到充分发展的情况，而对于如何测绘动态（此处的动态指海洋要素或羽流除了其自身的扩散运动等，其位置在海流的输运下也在不断移动）的海洋要素的研究，则开展得相对较少[140]。如图 7.9 所示，以海洋溢油羽流为例，当溢油泄漏源被封堵后，连续源形成的溢油羽流则成为无源的油团羽流，它会在自身的浓度梯度作用下扩散，并同时在海流的输运下运动。对无源油团羽流进行监测，获取其信息，既是对其进行有效处理的先决条件，也是分析其对海洋和人类影响的关键。本节即在本书前述研究内容的基础上，对其内容进行扩展，对 AUV 基于仿生行为追踪和测绘无源油团羽流进行研究。

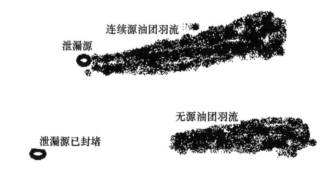

图 7.9 连续源油团羽流和无源油团羽流示意图

如本书第 4 章所述，模仿飞蛾行为，设计了 AUV 在给定的矩形区域内以"之"字形运动形式搜索化学羽流、追踪化学羽流和定位化学羽流源头的策略和实现相应策略的 AUV 自主行为。本节以该策略和 AUV 的自主行为为基础，并基于如前所述的模块化的基于行为的体系结构和路径跟踪制导等制导函数，研究和设计 AUV 以"之"字形运动形式追踪和测绘动态化学羽流的策略和自主行为。

7.4.2　基于行为的规划算法设计

针对任务要求，共设计 7 个自主行为，各行为介绍如下。

1. 任务初始化行为（InitMission）

InitMission 行为对羽流追踪测绘作业任务和 AUV 行为中所采用的参数进行初始化，如探测羽流的区域 OpArea=[OpXMin OpXMax OpYMin OpYMax]、AUV 的航行速度 、AUV 的航行深度、AUV 搜索羽流的开始位置和该追踪任务完成后需返回到的指定位置、AUV 测线初始分辨率、AUV 测绘的精度要求等。当该行为成功完成后，输出符号事件 I_s 到监控器，监控器基于该事件从 InitMission 行为转换到 GoToOpArea 行为。

2. 航行到探测区域行为（GoToOpArea）

GoToOpArea 行为的功能是控制 AUV 从当前位置航行到指定的搜索羽流任务开始位置。该行为调用航行到目标点制导函数 GoToPoint，当 AUV 当前位置与搜索羽流开始位置之间的距离小于设定参数时，则该行为成功完成，输出符号事件 G_s，监控器基于该事件转换到搜索羽流行为。

3. 搜索羽流行为（FindPlume）

FindPlume 行为的功能是控制 AUV 在设定的探测区域 OpArea 中寻找羽流。本节研究 AUV 从搜索区域的上游开始向下游追踪和测绘羽流（因为受海流输运影响，溢油等羽流从搜索区域的上游向下游运动，因此需要从上游向下游方向追踪），因此该行为控制 AUV 从 OpArea 的最上游开始，逐渐向下游对整个 OpArea 进行梳形搜索。如果在搜索过程中检测到羽流，则输出事件 F_s 到监控器，监控器基于该事件转换到追踪和测绘羽流行为；如果 AUV 在执行搜索任务时已经对探测区域进行了全覆盖式搜索，但仍然没有检测到羽流，则可以断定该区域中不存在羽流，输出事件 F_t 到监控器，AUV 转换到返航行为。

FindPlume 行为的初始化部分用来计算该行为执行后 AUV 从当前位置首先向探测区域的左半部分搜索还是向右半部分搜索，即当 AUV 位于该探测区域的左半部分时，控制 AUV 向右半部分搜索；当 AUV 位于该探测区域的右半部分时，控制 AUV 向左半部分搜索，以控制 AUV 向更大的未知区域搜索，增加 AUV 尽快搜索到羽流的可能性，因为对于无信息搜索，搜索区域面积的大小与搜索到羽流的概率成正比。

在 AUV 执行该行为的过程中，如果 AUV 检测到羽流，则说明 AUV 沿该方向运动将可以继续检测到羽流，因此可以从该行为转换到追踪和测绘羽流行为，并在羽流追踪测绘行为中首先沿该方向追踪测绘羽流。

4. 追踪和测绘羽流行为（TrackMapPlume）

TrackMapPlume 行为的功能是模仿生物逆流向上追踪羽流的行为，但此处是控制 AUV 从上游向下游追踪和测绘羽流。

如前所述，本节重点针对动态羽流追踪和测绘进行研究。由于受海流输运的影响，动态羽流在不断地运动（如图 7.10 所示），因此 AUV 测绘动态羽流的测线不同于测绘静态或准静态羽流的情况（仅取决于 AUV 的运动速度和方向），AUV 测绘动态羽流的测线还取决于 AUV 的航速、航向及羽流的运动速度和运动方向，如图 7.11 所示。

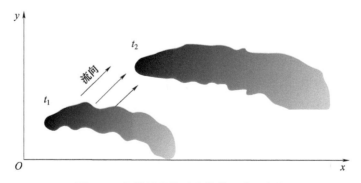

图 7.10　海流输运的动态化学羽流示意图

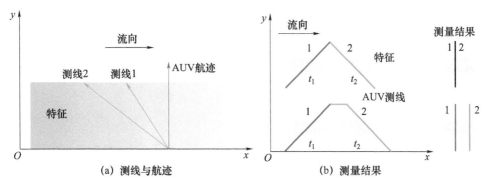

图 7.11　追踪和测绘动态化学羽流示意图

如图 7.11（a）所示（图中注明的特征即表示某局部区域的羽流示踪物分布），AUV 在大地坐标系下的实际航迹为红色线段（若测绘的是静态或准静态的羽流，则也为实际的测线），而由于羽流在海流的输运作用下向右运动，导致 AUV 测绘羽流的实际测线为绿色线段（其中测线 2 为羽流的运动速度比测线 1 的运动速度更大的情况，即实际的测线取决于 AUV 与羽流的相对运动速度和方向）。如图 7.11（b）所示，其上部为羽流运动的情况下，AUV 仍采用常规的"之"字形的运动，则得到的实际羽流测线 1 和 2 相同，即 AUV 实际上对同一位置进行了重复的采样；而为了能够测量测线 1 右方的实际测线，AUV 需要图 7.11（b）下部那样在完成测线 1 的测量后向右运动一段距离以避免由于羽流的运动而带来的影响。

为了得到海流输运羽流的两条平行分布的测线（即相对于羽流而言为标准的梳形测绘策略），则 AUV 需要在大地坐标系中表现出"之"字形的运动路径。

因此，本节设计 TrackMapPlume 行为，为 AUV 实现"之"字形运动的能力。该行为控制 AUV 沿与顺流方向夹角为 θ_T 的方向向下游运动。该行为调用制导函数 FollowPath 控制 AUV 跟踪，以转换到该行为时的位置 (x, y) 为起点，以与顺流方向夹角 θ_T 的射线方向为航向，其中 θ_T 的符号由变量 TrackMapPlume_direction 确定。如果 AUV 在 TrackMapPlume 行为中检测到羽流，则保持该行为不变；如果在追踪的过程中没有检测到羽流，则可能是由于羽流的不连续性导致的，因此需要继续沿该方向追踪一段距离 D_T，如果 AUV 已经连续航行距离 D_T 没有检测到羽流，则说明或者 AUV 已经沿该方向离开了羽流的左边界或右边界，或者 AUV 已经航行超过了羽流的下游，或者此处羽流的间断距离较大。无论何种情况发生，该行为都输出事件 T_f，并将该行为中最后检测到的羽流的位置 LTDL（last tracer detected location）记录在一个链表数据结构中，供其他行为如羽流探索行为、回溯行为等调用，然后监控器基于该事件转换到羽流探索行为。

TrackMapPlume 的设计参数为追踪角度 θ_T 和追踪距离 D_T。角度 θ_T 的选取，主要是考虑要确保 AUV 能够从期望的方向（TrackMapPlume_direction）从羽流的左侧或右侧边界离开羽流，同时基于平均流速信息控制 AUV 的平行于海流方向的速度为海流的速度（假设被追踪和测绘的羽流为被动标量，则 AUV 的航行测线在羽流坐标系中相对于羽流为直线）。距离 D_T 的选取主要是考虑羽流的不连续特性，如果羽流的不连续性较大，则应该选取较大的 D_T，以避免 TrackMapPlume 行为频繁失败而转换到 ExplorePlume 行为；反之，羽流的不连续性较小，则应该选取较小的 D_T，以避免 AUV 从羽流的一侧离开羽流的距离过远。

5. 探索羽流行为（ExplorePlume）

ExplorePlume 行为的设计初衷是：模仿生物在追踪羽流的过程中，如果一段时间没有感知到羽流而采用垂直于流向运动以在局部范围内寻找羽流的行为。该行为的功能是：当 AUV 采用追踪羽流行为追踪测绘羽流失败时，在 LTDL 点附近探索以重新找到羽流，进而继续采用羽流追踪测绘行为追踪羽流。

ExplorePlume 行为控制 AUV 在 LTDL 点附近进行矩形路径探索，其中矩形的长边垂直于流向，矩形的短边平行于流向。如果在期望的情况下 AUV 追踪羽流失败，多是由于 AUV 已经从羽流的左侧或右侧边界离开了羽流，因此，AUV 应该首先向与羽流追踪方向相反的方向探索，以重新回到羽流的内部，如果检测到羽流，则该行为输出 O_s 事件，监控器基于该事件切换到追踪和测绘羽流行为，使 AUV 沿该方向继续追踪羽流。为了避免错误情况发生，TrackMapPlume 行为根据平均流速和离开 LTDL 点的时间，以及在羽流初始化行为或者根据优化的结果（测线间距的优化在第 7.5 节中进行介绍）给出的测线间距，计算 AUV 还需要顺流航行的距离，以保证在相对于羽流坐标来看测线保持期望的间距。

如果没有检测到羽流，则 AUV 继续在该矩形路径上探索。如果 AUV 执行完预设定的连续 N_O 次探索都没有检测到羽流，则说明在该处不能探索到羽流，该行为输出事件 O_t，监控器基于该事件转换到羽流返航行为，追踪和测绘任务结束。

6. 返航行为（GoBack）

GoBack 行为控制 AUV 从当前位置航行回到需要到达的指定点。该行为执行 GoToPoint 制导函数，当 AUV 的当前位置与返回点的距离小于设定参数时，则该行为成功完成，输出事件 B_s，监控器基于该事件转换到任务结束行为。

7. 任务结束行为（EndMission）

当整个作业任务结束后，EndMission 行为执行任务完成的后处理操作，完成后输出事件 E_s，监控器基于该事件转换到其他行为或作业任务。

7.4.3　羽流中心线估计

上述设计的 AUV 追踪和测绘羽流的基本行为中，在 TrackMapPlume 行为中采用的 AUV 运动方向是相对于海流方向的。而在长距离的输运下，羽流的瞬时中心线不与海流方向平行。因此，当羽流中心线不与瞬时海流方向平行时，则相对于羽流的局部坐标系下的梳形测线不与羽流的中心线方向垂直。因此，需要对上述的基本策略和行为进行改进，增加设计 FlowFieldMapping 行为和 PlumeCenterLineEstimation 行为，分别利用 AUV 搭载的 ADCP 传感器测量的流速信息对海流场进行估计，并利用估计的海流场估计羽流的中心线位置，进而 TrackMapPlume 行为可以控制 AUV 以相对于羽流平均中心线的方向运动，使相对于羽流的局部坐标系下的梳形测线与羽流的中心线方向垂直，进而可以更为精确地获取羽流沿垂直于中心线方向从中央高浓度区向两侧扩散的信息。

基于上述介绍的羽流粒子随机行走模型，给定海流场和粒子的释放位置（即羽流的源头位置），我们即可通过下式计算羽流中心线粒子：

$$\begin{cases} x_k = x_{k-1} + \overline{u}_a \Delta t \\ y_k = y_{k-1} + \overline{v}_a \Delta t \end{cases} \tag{7.2}$$

基于羽流中心线粒子分布，即可估计羽流的轴线。图 7.12 为仿真环境中利用式（7.2）得到的羽流平均中心线。

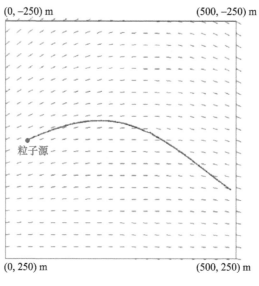

(0, −250) m   (500, −250) m

粒子源

(0, 250) m   (500, 250) m

图 7.12　羽流中心线

设计的 PlumeCenterLineEstimation 行为利用式（7.2）计算羽流的中心线粒子，然后利用 AUV 位置附近的羽流中心线粒子计算羽流的中心线。在目前的实践中，将 AUV 附近的羽流中心线近似为直线，然后利用最小二乘法拟合 AUV 附近的羽流中心线粒子，则羽流中心线的斜率 k 估计如下：

$$k = \frac{n\sum\limits_{i=1}^{n} x_i y_i - \sum\limits_{i=1}^{n} x_i \sum\limits_{i=1}^{n} y_i}{n\sum\limits_{i=1}^{n} x_i^2 - \left(\sum\limits_{i=1}^{n} x_i\right)^2} \tag{7.3}$$

然后，定义估计得到的羽流中心线的方向 $\widetilde{CL}_{dir}$：

$$\widetilde{CL}_{dir} = \text{atan2}(k, 1) \tag{7.4}$$

7.5　海洋流场建模与估计

　　上节所述的羽流中心线粒子位置的计算，需要用到海流场信息。在实际的 AUV 追踪和测绘羽流的应用中，需要 AUV 在线利用算法对海流场进行估计。因此本节设计 FlowFieldMapping 行为，实现海流场的估计算法并输出海流场，为 PlumeCenterLineEstimation 行为的运行提供输入。

　　对海流场进行预测预报的常规方法是采用数值海洋模型。数值海洋模型通过数值求解控制方程并设置初始条件、边界条件等，获得包括海流场在内的多种海洋环境要素的时空分布预测。但传统数值海洋模型计算复杂，不便于在 AUV 上实时运行，而且其输出结果的分辨率低，无法满足 AUV 对高分辨率海流场预测的实时需要。因此，本节设计 FlowFieldMapping 行为，采用一个可以在 AUV 上实时运行的小型的数据驱动的海流场模型，并同化 AUV 实时测量的海流数据，进而对 AUV 作业区域的海流场进行估计和预测，为羽流中心线估计提供输入。

7.5.1　海洋流场模型

　　文献［31］针对水下机器人的导航，提出了一种数据驱动的海流场建模方法。将海流分解为潮汐成分和非潮汐成分：

$$\eta(\boldsymbol{x},t) = \eta_{\text{tide}}(\boldsymbol{x},t) + \eta_{\text{nontide}}(\boldsymbol{x},t) \tag{7.5}$$

式中，$\eta(\boldsymbol{x},t)$ 为 t 时刻、位置 $\boldsymbol{x}$ 的流速，它表示东西或者南北方向的流速。$\eta_{\text{tide}}(\boldsymbol{x},t)$ 为 $\eta(\boldsymbol{x},t)$ 的潮汐成分，$\eta_{\text{nontide}}(\boldsymbol{x},t)$ 为 $\eta(\boldsymbol{x},t)$ 的非潮汐成分。

　　潮汐成分由下式表示：

$$\eta_{\text{tide}}(\boldsymbol{x},t) = \overline{\eta}_{\text{tide}}(\boldsymbol{x}) + \sum_{i=1}^{N} \left[g_i(\boldsymbol{x})\cos(\omega_i t) + h_i(\boldsymbol{x})\sin(\omega_i t) \right] \tag{7.6}$$

式中，$\overline{\eta}_{\text{tide}}(\boldsymbol{x})$ 为潮汐残差；N 表示潮汐成分的数量，ω_i 为第 i 个潮汐成分的频率，$\cos(\omega_i t)$、$\sin(\omega_i t)$ 为潮汐成分中的时间变量。$\overline{\eta}_{\text{tide}}(\boldsymbol{x})$、$g_i(\boldsymbol{x})$，$h_i(\boldsymbol{x})$ 是与空间相

关的函数：$\bar{\eta}_{\text{tide}}(\boldsymbol{x}) = \sum_{j=1}^{M} k_{1,j}\Phi_j(\boldsymbol{x})$，$g_i(\boldsymbol{x}) = \sum_{j=1}^{M} k_{2i,j}\Phi_j(\boldsymbol{x})$，$h_i(\boldsymbol{x}) = \sum_{j=1}^{M} k_{2i+1,j}\Phi_j(\boldsymbol{x})$，其中，$M$ 是基函数 $\Phi_j(\boldsymbol{s})$ 的个数，$k_{1,j}$ 为潮汐残差中第 j 个基函数的系数，$k_{2i,j}$ 是关于第 i 个潮汐成分余弦分量的第 j 个基函数的系数，k_{2i+1} 是关于第 i 个潮汐成分正弦分量的第 j 个基函数的系数，基函数选择为高斯基函数 $\Phi_j(\boldsymbol{s}) = \exp\left(\dfrac{-\|\boldsymbol{s} - c_j\|^2}{2\sigma_j^2}\right)$，其中 c_j 为中心，σ_j^2 为方差。

对于非潮汐成分，采用拉盖尔多项式函数作为时间函数：

$$\eta_{\text{nontide}}(\boldsymbol{x}, t) = \sum_{n=0}^{P} q_n(\boldsymbol{x}) L_n(t) \tag{7.7}$$

式中，P ——拉盖尔多项式函数的阶数；

$q_n(\boldsymbol{x})$ ——空间函数，$q_n(\boldsymbol{x}) = \sum_{j=1}^{M} \mu_{n,j}\Phi_j(\boldsymbol{x})$，$M$ 为径向基函数的个数，$\mu_{n,j}$ 是第 j 个径向基函数 $\Phi_j(\boldsymbol{s})$ 的系数。

本节借鉴文献 [31] 的研究，仅考虑 AUV 进行羽流追踪和测绘的任务时间比海流场的变化周期短的情况，仅将流场建模为高斯基函数的线性组合：

$$\eta(\boldsymbol{x}, t) = \bar{\eta} + \sum_{j=1}^{M} \mu_j(t)\Phi_j(\boldsymbol{s}) \tag{7.8}$$

式中，$\bar{\eta}$ 是海流场的时不变平均成分，$\Phi_j(\boldsymbol{s}) = \exp\left(\dfrac{-\|\boldsymbol{s} - c_j\|^2}{2\sigma_j^2}\right)$ 为高斯基函数，$\mu_j(t)$ 是高斯基函数的时变系数，M 为高斯基函数的数量。

在 AUV 入水执行羽流追踪和测绘任务前，可以利用数值海洋模型预报结果为海流模型参数进行初始化。其中，$\bar{\eta}$ 可以取值为海洋模型输出的海流流速均值。所有其他需要初始化的参数包括高斯基函数的位置、宽度和高斯基函数的系数，本节所采用的初始化方法基于 L_1 范数最小化。

将 AUV 的作业区域划分成为 $m \times n$ 网格，在每个网格的中心位置放置一个高斯基函数，即放置 $M = m \times n$ 个高斯基函数；所有高斯基函数的方差均相同，其值根据数值海洋模型输出的海流场的变化程度选取。如果给定数值海洋模式输出的海流场，则需要计算每个高斯基函数的系数，通常采用 L_1 范数最小化方法求解高斯基函数系数：

$$\hat{\boldsymbol{\xi}}_{L_1} = \arg\min_{\boldsymbol{\xi}} \|\boldsymbol{\xi}\|_1, \quad \boldsymbol{H}\boldsymbol{\xi} = \boldsymbol{y} \tag{7.9}$$

式中，$\hat{\boldsymbol{\xi}}_{L_1}$ 表示通过 L_1 范数最小化求出的 $\boldsymbol{\xi}$ 的最优估计值，是一个稀疏信号，$\|\boldsymbol{\xi}\|_1$ 为向量 $\boldsymbol{\xi}$ 的 1 范数。$\boldsymbol{H}$ 叫做观测矩阵，$\boldsymbol{\xi}$ 为观测矩阵对应的系数，叫做系数向量，$\boldsymbol{y}$ 为由观测值组成的观测向量。该算法在保证 $\boldsymbol{H}\boldsymbol{\xi} = \boldsymbol{y}$ 的前提下，能够使向量 $\boldsymbol{\xi}$ 中的非零元素尽可能少。

式（7.9）是一个凸优化问题，可以转化成一个线性规划问题加以求解，采用基追踪方法求解。相应的，通过优化求解：

$$\hat{\boldsymbol{\mu}}_{l_1} = \arg\min_{\boldsymbol{\mu}} \|\boldsymbol{\mu}\|_1, \quad \boldsymbol{\Phi}\boldsymbol{\mu} = \boldsymbol{\eta} - \bar{\boldsymbol{\eta}} \tag{7.10}$$

即可计算得到高斯基函数的系数。对这些高斯基函数的系数按照从大到小的顺序排序，保留前 ζ 个系数用于后续流场的建模和更新计算，即仅保留 $\zeta \times M$ 个对流场估计起主要作用的高斯基函数而忽略掉次要的高斯基函数（ζ 的选取由操作人员根据流场逼近精度要求和 AUV 的计算能力选取），进而减少后续的计算量，以便于海流场的估计在 AUV 上实时计算。

通过初始化后，得到的海流场模型为：

$$\eta(\boldsymbol{x}, t) = \bar{\eta} + \sum_{j=1}^{M \times \zeta\%} \mu_j(t)\boldsymbol{\Phi}_j(\boldsymbol{x}) \tag{7.11}$$

7.5.2　海流场估计

采用如式（7.11）所示的海流场模型，计算任一给定位置 $\boldsymbol{x}^*$ 和时间 t^* 的流速值 $\eta(\boldsymbol{x}^*, t^*)$。由于海流场是随时间变化的，因此还需要在 AUV 执行任务的过程中通过 AUV 实时获取的流速数据对公式中的模型参数 $\mu_j(t)$ 进行更新，进而利用更新后的参数对 $\eta(\boldsymbol{x}^*, t^*)$ 进行估计。

海流场模型（7.11）可以写为：

$$\eta(\boldsymbol{x},t)-\bar{\eta}=\sum_{j=1}^{M\times\zeta\%}\mu_j(t)\varPhi_j(\boldsymbol{x})=\boldsymbol{\mu}^{\mathrm{T}}(t)\varPhi(\boldsymbol{x}) \qquad (7.12)$$

为了基于该模型对海流场进行预测,将该模型表示的海流场(以下的海流场指实际的海流场减去均值部分后剩余的时变海流场)建模为高斯过程,并利用克里金卡尔曼滤波算法[141]对其进行估计。

在采用的克里金卡尔曼滤波模型中,将过程:

$$f(\boldsymbol{x})=\boldsymbol{\beta}^{\mathrm{T}}(t)h(\boldsymbol{x})+g(\boldsymbol{x}) \qquad (7.13)$$

建模为一个高斯过程,即:

$$f(\boldsymbol{x})\sim\mathrm{GP}(m(\boldsymbol{x}),k(x_i,x_j)) \qquad (7.14)$$

其中,$m(\boldsymbol{x})=\boldsymbol{\beta}^{\mathrm{T}}(t)h(s)$ 代表随时间变化的均值函数。式(7.13)中,$g(\boldsymbol{x})$ 是一个零均值高斯过程,其协方差函数是 $k(x_i,x_j)$,且协方差函数的时间不相关 $k(s_i,t_i,s_j,t_j)=k_s(s_i,s_j)\,\delta(t_i,t_j)$,协方差函数中的超参数可以利用测量数据进行估计;$h(s)$ 是固定的空间基函数;$\boldsymbol{\beta}^{\mathrm{T}}(t)$ 是一个时间函数。

对于 $\boldsymbol{\beta}(t)$,按照式(7.15)动力学过程来演化:

$$\boldsymbol{\beta}(k+1)=A(k)\boldsymbol{\beta}(k)+B(k)\boldsymbol{u}(k)+G(k)\boldsymbol{\eta}(k) \qquad (7.15)$$

式中,k 为离散时间,$\boldsymbol{u}(k)$ 推动参数 β 的变化,$\boldsymbol{\eta}(k)$ 表示 β 变化的不确定性。

同时,假设测量值在过程值基础上加高斯白噪声 $\varepsilon\sim\delta_\varepsilon^2$:

$$y_i=f(x_i)+\varepsilon \qquad (7.16)$$

令 $X_k=[s_1,\cdots,s_n]$,表示 k 时刻在 $s_1,\cdots,s_n$ 这些位置 AUV 测量的流速,y_k 表示在位置 X_k 采集的带有噪声的流速值。$X_{\leqslant k}=\{X_1,\cdots,X_k\}$ 和 $y_{\leqslant k}=\{y_1,\cdots,y_k\}$ 表示累积的采样位置和测量值。相应的,另 $X_l^*=[s_1^*,\cdots,s_m^*]$ 表示 l 时刻流场中需要估计流速的位置,f_l^* 是对应 X_l^* 的估计值。令 $f(s^*,l\,|\,y\leqslant k)$ 表示在已知 k 时刻和 k 时刻之前的测量值的情况下,在 l 时刻位置 s^* 的估计值。

假设在 k 时刻在空间位置 X_k 获得新的数据 y_k,克里金卡尔曼滤波用 2 个主

要的步骤对 f_l^* 进行估计。

1. 第一步

已知新的观察值 y_k，用克里金卡尔曼滤波来更新 l 时刻的参数 $\boldsymbol{\beta}(l|k)$，更新过程如下。

预测系统状态：

$$\boldsymbol{\beta}(k|k-1) = \boldsymbol{A}(k-1)\boldsymbol{\beta}(k-1|k-1) + \boldsymbol{B}(k-1)\boldsymbol{u}(k-1) \tag{7.17}$$

预测系统状态对应的协方差矩阵：

$$\boldsymbol{P}(k|k-1) = \boldsymbol{A}(k-1)\boldsymbol{P}(k-1|k-1)\boldsymbol{A}^{\mathrm{T}}(k-1) + \boldsymbol{Q}(k-1) \tag{7.18}$$

根据测量值计算最优化估算值 $\boldsymbol{\beta}(l|k)$：

$$\boldsymbol{\beta}(l|k) = \boldsymbol{\beta}(k|k-1) + \boldsymbol{Kg}(k)\big(y_k - \boldsymbol{H}(k)\boldsymbol{\beta}(k|k-1)\big) \tag{7.19}$$

式中，$\boldsymbol{H}(k)$ 是由基函数 $\boldsymbol{h}(s)$ 组成的关于采样点 x_k 的高斯基函数矩阵；卡尔曼增益为 $\boldsymbol{Kg}(k) = \boldsymbol{P}(k|k-1)\boldsymbol{H}^{\mathrm{T}}(k)(\boldsymbol{H}(k)\boldsymbol{P}(k|k-1)\boldsymbol{H}^{\mathrm{T}}(k) + \boldsymbol{K}_y)^{-1}$，其中 $\boldsymbol{K}_y = \boldsymbol{K}(X,X) + \delta_\varepsilon^2\boldsymbol{I}$，其中 $\boldsymbol{K}(X,X)$ 表示由采样点协方差函数构成的 $n \times n$ 协方差矩阵。

估计参数 $\boldsymbol{\beta}$ 的后验协方差矩阵：

$$\boldsymbol{P}(l|k) = \big(\boldsymbol{I} - \boldsymbol{Kg}(k)\boldsymbol{H}(k)\big)\boldsymbol{P}(k|k-1) \tag{7.20}$$

2. 第二步

利用 k 时刻在位置 X_k 的测量值 y_k，计算 f 在未观测位置 s^* 的后验估计值和估计方差：

估计值为：

$$\boldsymbol{f}(s^*, t_l | y_k) = \boldsymbol{h}(s^*)\boldsymbol{\beta}(l|k) + \boldsymbol{K}(X_*, X)\boldsymbol{K}_y^{-1}(y_k - \boldsymbol{H}(k)\boldsymbol{\beta}(l|k)) \tag{7.21}$$

估计方差为：

$$\mathrm{cov}(\boldsymbol{f}(s^{*},t_{l}\,|\,y_{k})) = \boldsymbol{K}(X_{*},X_{*}) - \boldsymbol{K}(X_{*},X)\boldsymbol{K}_{y}^{-1}\boldsymbol{K}(X,X_{*}) + (\boldsymbol{h}(s^{*}) -$$
$$\boldsymbol{H}^{\mathrm{T}}(k)\boldsymbol{K}_{y}^{-1}\boldsymbol{K}(X_{*},X)(\boldsymbol{h}(s^{*}) - \boldsymbol{H}^{\mathrm{T}}(k)\boldsymbol{K}_{y}^{-1}\boldsymbol{K}(X_{*},X))^{\mathrm{T}})P(k\,|\,l)(\boldsymbol{h}(s^{*}) - \quad （7.22）$$
$$\boldsymbol{H}^{\mathrm{T}}(k)\boldsymbol{K}_{y}^{-1}\boldsymbol{K}(X_{*},X))$$

利用式（7.21）估计 AUV 羽流追踪和测绘执行过程中其位置附近的羽流中心线粒子处的流速。

7.6　高斯过程回归和克里金法

如上所述，AUV 沿其运动路径采集了的羽流的数据。在此基础上，为了实现测绘目标，还需要利用 AUV 采集的数据对未直接观测位置的羽流浓度值进行预测。高斯过程回归以及克里金法是其中两种代表性的预测方法。本节对这两种方法进行介绍。

7.6.1　高斯过程回归

令 $f(\boldsymbol{x})$ 为定义在时空域 $\chi = \{\boldsymbol{x} = (s,t)\}$，$s \in \mathbf{R}^{n}$，$t \in \mathbf{R}$ 上的标量非线性过程。每一个样本 $f(x_{i})$ 可以视为未知过程的一个随机变量，$x_{i} \in \chi$。高斯过程是一个高斯随机变量的集合，其中任何样本的有限集合具有联合高斯分布。这意味着任何高斯过程可完全被它的均值 $m(\boldsymbol{x})$ 和它的协方差函数 $k(x_{i},x_{j})$ 所指定。

考虑过程模型：

$$f(\boldsymbol{x}) = h^{\mathrm{T}}(\boldsymbol{x})\boldsymbol{\beta} + g(\boldsymbol{x}) \qquad （7.23）$$

式中，$h(\boldsymbol{x})$ 是固定基函数的集合，$\boldsymbol{\beta}$ 是从样本中推断出的参数，$g(\boldsymbol{x}) \sim \mathrm{GP}(0,k(x_{i},x_{j}))$ 是零均值高斯过程，其协方差函数为 $k(x_{i},x_{j}) = E[(g(x_{i}))\,(g(x_{j}))]$。

假设参数 $\boldsymbol{\beta}$ 也服从高斯分布 $\boldsymbol{\beta} \sim \mathrm{N}(\boldsymbol{b},\boldsymbol{B})$，则标量非线性时空过程可由非零均值的高斯过程近似：

$$f(\boldsymbol{x}) \sim \mathrm{GP}(h^{\mathrm{T}}(\boldsymbol{x})\boldsymbol{b}, k(x_{i},x_{j}) + h^{\mathrm{T}}(x_{i})\boldsymbol{B}h(x_{j})) \qquad （7.24）$$

均值函数 $m(\boldsymbol{x}) = h^{\mathrm{T}}(\boldsymbol{x})\boldsymbol{\beta}$ 表示过程 $f(\boldsymbol{x})$ 由参数 $\boldsymbol{\beta}$ 和固定基函数 $h(\boldsymbol{x})$ 的线性

模型近似。残差建模为零均值高斯过程 $g(x)$。$f(x)$ 的高斯过程模型的协方差函数为均值参数和残差的不确定性的组合。

假设通过带有噪声的测量 $y_i = f(x_i) + \varepsilon$ 可以获得 $f(x_i)$ 的样本，其中 ε 是独立同分布的高斯噪声，其方差为 σ_ε^2。带有噪声的样本之间的协方差函数为 $k(y_i, y_j) = k(x_i, x_j) + \sigma_\varepsilon^2 \delta_{ij}$，其中 δ_{ij} 是是克罗内克 Delta 函数。令 $y = [y_1, \cdots, y_n]^T$ 表示在 $X = [x_1, \cdots, x_n]$ 采集到的带有噪声的样本，$X_* = [x_1^*, \cdots, x_n^*]$ 表示需要估计过程值的点。如果有 n 个采样点，则 $K_y = K(X, X) + \sigma_\varepsilon^2 I$ 表示所有采样点的协方差函数矩阵；如果有 n_* 个需要估计过程值的点，$K(X_*, X_*)$ 表示所有估计点的协方差函数矩阵；$K(X_*, X)$ 表示估计点和采样点之间的协方差函数矩阵。估计的目标即在给出 (X, y) 的情况下在估计点 X_* 得到过程的值 $f(X_*)$。

时空高斯过程的 $f(X_*)$ 的估计的均值和协方差 $\text{cov}(f(X_*))$ 可由下式计算：

$$f(X_*) = H_*^Y \overline{\beta} + K^T(X_*, X) K_y^{-1}(y - H^T \overline{\beta}) \tag{7.25}$$

$$\text{cov}(f(X_*)) = K(X_*, X_*) - K(X_*, X) K_y^{-1} K(X, X_*) + R^T(B^{-1} + HK_y^{-1}H^T)^{-1}R \tag{7.26}$$

式中，矩阵 H 和 H_* 分别表示采样点和估计点的基函数 $h(x_i), x_i \in X$ 和 $h(x_i^*)$，$x_1^* \in X_*$，$R = H_* - HK_y^{-1}K(X_*, X)$。

由于一个高斯过程可以仅仅通过均值函数和协方差函数来表示，在进行回归训练之前可以确定均值函数和协方差函数的形式，其中协方差函数的选择相对更为重要。其中指数平方函数是一种常用的协方差函数：

$$\begin{aligned}
k(x_i, x_j) &\equiv \text{cov}(f(x_i), f(x_j)) \\
&= \sigma_f^2 \exp(-\sigma_t^2(t_i - t_j)^2 - \sigma_x^2(x_i - x_j)^2 - \sigma_y^2(y_i - y_j)^2 - \\
&\quad \sigma_{xyt}^2(t_i - t_j)^2(x_i - x_j)^2(y_i - y_j)^2)
\end{aligned} \tag{7.27}$$

其中，参数 $\theta = [\sigma_f, \sigma_x, \sigma_y, \sigma_t, \sigma_{xyt}]^T$ 称为超参数。如果 $k(x_i, x_j) = k(x_i - x_j)$，则称协方差函数为平稳的，如果 $k(x_i, x_j) = k(\| x_i - x_j \|)$，则称协方差函数为各项同性的。如果 $k(x_i, x_j) = k(s_i, s_j)k(t_i, t_j)$，则称协方差函数是时空可分的。指数平方协方差函数是平稳、非各向同性、且时空不可分的协方差函数。

高斯过程模型的协方差函数的超参数 θ 需要从训练数据 (X, y) 中学习出来。边缘似然 $P(y | X, b, B, \theta)$ 表示给定输入 X、均值参数和协方差 (b, B)，以及超参数 θ

情况下 y 的概率分布。在贝叶斯框架下，超参数的学习可以由最大化边缘似然的对数来确定：

$$
\log P(\boldsymbol{y} \mid \boldsymbol{X}, \boldsymbol{b}, \boldsymbol{B}, \boldsymbol{\theta}) = -\frac{1}{2}(\boldsymbol{H}^{\mathrm{T}}\boldsymbol{b} - \boldsymbol{y})^{\mathrm{T}}(\boldsymbol{K}_y + \boldsymbol{H}^{\mathrm{T}}\boldsymbol{B}\boldsymbol{H})^{-1}
$$
$$
(\boldsymbol{H}^{\mathrm{T}}\boldsymbol{b} - \boldsymbol{y}) - \frac{1}{2}\log\left|\boldsymbol{K}_y + \boldsymbol{H}^{\mathrm{T}}\boldsymbol{B}\boldsymbol{H}\right| - \frac{n}{2}\log 2\pi
$$

（7.28）

则超参数的优化求解可通过对该式求偏导数得到：

$$
\frac{\partial}{\partial \theta_j}\log P(\boldsymbol{y} \mid \boldsymbol{X}, \boldsymbol{b}, \boldsymbol{B}, \boldsymbol{\theta})
$$
$$
= \frac{1}{2}(\boldsymbol{H}^{\mathrm{T}}\boldsymbol{b} - \boldsymbol{y})^{\mathrm{T}}(\boldsymbol{K}_y + \boldsymbol{H}^{\mathrm{T}}\boldsymbol{B}\boldsymbol{H})^{-1}\frac{\partial \boldsymbol{K}_y}{\partial \theta_j}(\boldsymbol{K}_y + \boldsymbol{H}^{\mathrm{T}}\boldsymbol{B}\boldsymbol{H})^{-1}(\boldsymbol{H}^{\mathrm{T}}\boldsymbol{b} - \boldsymbol{y}) -
$$
$$
\frac{1}{2}\mathrm{tr}\left((\boldsymbol{K}_y + \boldsymbol{H}^{\mathrm{T}}\boldsymbol{B}\boldsymbol{H})^{-1}\frac{\partial \boldsymbol{K}_y}{\partial \theta_j}\right)
$$
$$
= \frac{1}{2}\mathrm{tr}\left((\boldsymbol{\alpha}\boldsymbol{\alpha}^{\mathrm{T}} - (\boldsymbol{K}_y + \boldsymbol{H}^{\mathrm{T}}\boldsymbol{B}\boldsymbol{H})^{-1})\frac{\partial \boldsymbol{K}_y}{\partial \theta_j}\right)
$$

（7.29）

式中，$\boldsymbol{\alpha} = (\boldsymbol{K}_y + \boldsymbol{H}^{\mathrm{T}}\boldsymbol{B}\boldsymbol{H})^{-1}(\boldsymbol{H}^{\mathrm{T}}\boldsymbol{b} - \boldsymbol{y})$。

令 $X_{\leqslant i} = [X_1, \cdots, X_i]$ 表示在时刻 t_i 获得的观测数据，$X_{\leqslant i+1} = [X_{\leqslant i}, X_{i+1}]$ 表示在 t_{i+1} 时刻获得新的观测数据 X_{i+1} 后获得的总的观测数据。为了在获得新的观测数据后更新估计点 X_* 的估计，需要计算协方差函数矩阵 $\boldsymbol{K}_y$ 的逆矩阵 $\boldsymbol{K}_y^{-1}$。直接计算 $\boldsymbol{K}_y^{-1}$ 的计算复杂度是 $O(N^3)$，N 是 $\boldsymbol{K}_y$ 的维数。为了高效地计算 $\boldsymbol{K}_y$，采用矩阵逆引理以及子矩阵求逆可以以 $O(N^2)$ 计算 $\boldsymbol{K}_y$：

$$
\boldsymbol{K}_y^{-1}(X_{\leqslant i+1}, X_{\leqslant i+1}) = \begin{bmatrix} \boldsymbol{K}_y\left(X_{\leqslant i}, X_{\leqslant i}\right) & \boldsymbol{K}_y\left(X_{\leqslant i}, X_{i+1}\right) \\ \boldsymbol{K}_y\left(X_{i+1}, X_{\leqslant i}\right) & \boldsymbol{K}_y\left(X_{i+1}, X_{i+1}\right) \end{bmatrix}^{-1} = \begin{bmatrix} \boldsymbol{F}_{11} & -\boldsymbol{F}_{12} \\ -\boldsymbol{F}_{12}^{\mathrm{T}} & \boldsymbol{F}_{22}^{-1} \end{bmatrix}
$$

（7.30）

其中，$\boldsymbol{F}_{22} = \boldsymbol{K}_y(X_{i+1}, X_{i+1}) - \boldsymbol{K}_y(X_{i+1}, X_{\leqslant i})\boldsymbol{K}_y^{-1}(X_{\leqslant i}, X_{\leqslant i})\boldsymbol{K}_y(X_{\leqslant i}, X_{i+1})$，$\boldsymbol{F}_{11} = \boldsymbol{K}_y^{-1}(X_{\leqslant i}, X_{\leqslant i}) + \boldsymbol{K}_y^{-1}(X_{\leqslant i}, X_{\leqslant i})\boldsymbol{K}_y(X_{\leqslant i}, X_{i+1})\boldsymbol{F}_{22}^{-1}\boldsymbol{K}_y(X_{i+1}, X_{\leqslant i})\boldsymbol{K}_y^{-1}(X_{\leqslant i}, X_{\leqslant i})$，$\boldsymbol{F}_{12} = \boldsymbol{K}_y^{-1}(X_{\leqslant i}, X_{\leqslant i})\boldsymbol{K}_y(X_{\leqslant i}, X_{i+1})\boldsymbol{F}_{22}^{-1}$。

应用上式，$\boldsymbol{K}_y^{-1}(X_{\leqslant i+1}, X_{\leqslant i+1})$ 可以利用 $\boldsymbol{K}_y^{-1}(X_{\leqslant i}, X_{\leqslant i})$ 以 $O(N^2)$ 的复杂度计算出来。

7.6.2　克里金法

克里金法利用观测值来估计未观测位置的值。它不同于一般的确定性空间插值方法,如反向距离加权方法、双线性插值方法等。确定性方法往往直接通过周围观测点的值内插或者通过特定的数学公式来内插,较少从变量自身特点和采样点空间分布情况考虑,且难以对插值误差做出理论估计。克里金法克服这一缺点,它利用变异函数基于采样数据反映区域化变量的结构信息,考虑样本点之间的相互空间位置关系及其与待估点的空间位置关系,根据估计点邻域内的采样点数据,对估计点进行一种最优无偏估计,并且能够给出估计的精度[142]。

克里金法以区域化变量为基础。当一个变量呈现为空间分布时,称为区域化变量。以空间点 x 的三个直角坐标 (x_u, x_v, x_w) 为自变量的随机场 $Z(x_u, x_v, x_w) = Z(x)$ 称为区域化变量。因此,区域化变量描述的现象具有空间分布的特点。区域化变量与普通随机变量不同。普通随机变量的取值按某种概率分布而变化,而区域化变量则根据其在一个区域内的位置的不同而取不同的值,即区域化变量是普通变量在域内确定位置上的特定取值,它是随机变量与位置有关的随机函数。

常用的克里金法主要有以下几种类型:简单克里金法,普通克里金法,泛克里金法等。本节介绍普通克里金法。普通克里金法利用待估点周围的测量值来估计该点的值,该算法的计算过程基于变异函数,其简介如下:

协方差能够反映两个变量之间的关系。对于两个变量 z_1 和 z_2,假设有 n 对观测值 $(z_{1,i}, z_{2,i})$,$i = 1, \cdots, n$,则协方差可以表示为:

$$C_{1,2} = (1/n) \sum_{i=1}^{n} \left\{ (z_{1,i} - \overline{z}_1)(z_{2,i} - \overline{z}_2) \right\} \tag{7.31}$$

式中,$\overline{z}_1$ 和 $\overline{z}_2$ 分别为 z_1 和 z_2 的均值。

设 $Z(x_i)$ 和 $Z(x_j)$ 是关于区域化变量 $Z(x)$ 的随机变量,即 $Z(x_i)$ 和 $Z(x_j)$ 是 Z 在两个位置 x_i 和 x_j 值的集合,则可以得出:

$$\text{cov}(x_i, x_j) = E\left[\{Z(x_i) - \mu(x_i)\} \{Z(x_j) - \mu(x_j)\} \right] \tag{7.32}$$

在该式中，$\mu(x_i)$ 和 $\mu(x_j)$ 分别为区域化变量 Z 在 x_i 和 x_j 处的均值。当区域化变量 Z 满足二阶平稳时，则协方差函数满足：

$$\text{cov}(x, x+h) = E[Z(x) * Z(x+h)] - \mu^2 = C(h) \tag{7.33}$$

即与空间位置无关。

在实际应用中，有时候协方差不存在。因此产生了研究区域化变量的增量而不考虑其本身的思想，即内蕴假设。当区域化变量 $Z(x)$ 的增量 $[Z(x) - Z(x+h)]$ 满足下列两个条件时：

① $Z(x)$ 的数学期望存在，并且与空间位置无关，即：

$$E[z(x+h) - z(x)] = 0 \tag{7.34}$$

② 随机函数的增量 $[z(x+h) - z(x)]$ 有与空间位置 x 无关的有限方差，记为：

$$2\gamma(h) = V[z(x+h) - z(x)] = E\{[z(x+h) - z(x)]^2\} \tag{7.35}$$

则称其满足内蕴假设。式中 $\gamma(h)$ 叫做（半）变异函数，其定义为区域化变量 $Z(x)$ 在点 x 和 $x+h$ 处的两个区域化变量值 $Z(x)$ 与 $Z(x+h)$ 的增量的方差。

当满足二阶平稳假设时，变异函数可以通过协方差计算得到：

$$\gamma(h) = C(0) - C(h) \tag{7.36}$$

协方差函数反映了区域化变量的自相关性，而变异函数反映了变量的变异性。

普通克里金法基于变异函数，由 $n+1$ 个未知数的 $n+1$ 个方程构成的方程组表示：

$$\begin{cases} \sum\limits_{j=1}^{n} \lambda_j \gamma(x_i - x_j) + \phi = \gamma(x_i - x_0) & i = 1, \cdots, n \\ \sum\limits_{j=1}^{n} \lambda_j = 1 \end{cases} \tag{7.37}$$

式中，λ_j 为对应第 j 个观测数据的克里金估计加权系数，ϕ 为拉格朗日乘子。令：

$$A = \begin{bmatrix} \gamma(x_1 - x_1) & \gamma(x_1 - x_2) & \dots & \gamma(x_1 - x_n) & 1 \\ \gamma(x_2 - x_1) & \gamma(x_2 - x_2) & \dots & \gamma(x_2 - x_n) & 1 \\ \vdots & \vdots & & \vdots & \vdots \\ \gamma(x_n - x_1) & \gamma(x_n - x_2) & \dots & \gamma(x_n - x_n) & 1 \\ 1 & 1 & \dots & 1 & 0 \end{bmatrix} \tag{7.38}$$

$$X = \begin{bmatrix} \lambda_1 \\ \lambda_2 \\ \vdots \\ \lambda_n \\ \phi \end{bmatrix}, \quad B = \begin{bmatrix} \gamma(x_1 - x_0) \\ \gamma(x_2 - x_0) \\ \vdots \\ \gamma(x_n - x_0) \\ 1 \end{bmatrix} \tag{7.39}$$

则通过 $X = A^{-1}B$ 可计算出普通克里金权重，进而利用 $\hat{z}(x_0) = \sum_{i=1}^{n} \lambda_i z(x_i)$ 即可求出待估点的值，并且利用公式 $\sigma_{x_0}^2 = B^{\mathrm{T}}x$ 可以计算出克里金估计方差。

克里金法是一个最优线性无偏估计器。它的最优性体现在该算法使估计点的实际值 $Z^*(x)$ 和预测值 $Z^*(x)$ 之间的偏差尽可能小，即估计方差 $V(Z(x) - Z^*(x)) = E(Z(x) - Z^*(x))^2 \to \min$。该算法的线性体现为被估点是其他测量点的线性组合，即 $\hat{z}(x_0) = \sum_{i=1}^{n} \lambda_i z(x_i)$。它的无偏性体现在所有估计点的实际值 $Z(x)$ 与预测值 $Z^*(x)$ 之间的偏差的平均值为 0，即 $E(Z(x) - Z^*(x)) = 0$。

变异函数是克里金法应用的关键，其是利用已知的观测数据进行统计计算和推断而得来的。为此，必须先利用观测数据求取实验变异函数，然后再利用实验变异函数求得理论变异函数。

在实际工作中主要应用如下的无偏估计方法求取实验变异函数，假设已知数据集 $\{z(x_i), i = 1, \cdots, n\}$，变异函数可由式（7.40）计算：

$$\hat{\gamma}(h) = \frac{1}{2} N(h) \sum_{i=1}^{N(h)} \left[z(x_i + h) - z(x_i) \right]^2 \tag{7.40}$$

式中，$z(x_i)$ 是在点 x_i 处的取值，$x_i + h$ 为距离点 x_i 有 h 距离远的另外一点，h 称作基本滞后，最大值为所有观测点之间最大距离的一半；$N(h)$ 为观测点之间距离为 h 的观测值的对数。通常情况下，观测点的空间分布是不规则的，满足同一基本滞后的观测点的对数可能相对较小。

为了使实验变异函数更符合统计规律，引入距离容差 $|h_{real} - h| \leqslant \delta_h$，当实际距离与滞后的偏差在容差范围内时，均认为是该基本滞后下的观测点。通常情况下，距离容差一般是 $\delta_h = h/2$，以尽量保证更多的观测值都被利用。

以 $|h|$ 为横坐标，$\hat{\gamma}(h)$ 为纵坐标，将实验变异函数计算的离散点在直角坐标系中画出，即得到实验变异函数图。

为了定量地描述整个区域的变量特征，必须给实验变异函数曲线配以相应的理论模型。而要使该理论模型精确、真实地反映变量的变化规律，就需要在建立理论模型的过程中对实验变异函数图的离散点进行最优拟合。在变异函数理论模型中，除线性模型外，其余都是曲线模型，因此可以说对理论变异函数的求解主要是曲线拟合。

图 7.13 中的曲线为某一理论变异函数曲线图，它包括 a（变程）、C_0（块金值）、sill（基台值）、Psill（偏基台值）这几个参数。其中变程表示空间两点具有相关性的最大距离，即当两点的距离大于该值的时候，两点之间的变异性最大，相关性最小。块金值表明当两点距离为 0 的时候，两点还具有变异性，一方面，这可能是由于空间随机成分的存在；另一方面，这可能是由于测量精度、测量噪声的影响。基台值反映了空间最大变异性程度。偏基台值等于基台值与块金值之差，反映的是除块金效应外的最大空间变异性程度。

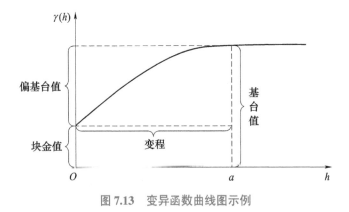

图 7.13 变异函数曲线图示例

常用的理论变异函数模型主要有球状模型、指数模型和高斯模型：

1. 球状模型

球状模型一般公式为：

$$\gamma(h) = \begin{cases} 0 & h = 0 \\ C_0 + C\left[\dfrac{3h}{2a} - \dfrac{1}{2}\left(\dfrac{h}{a}\right)^3\right] & 0 < h \leqslant a \\ C_0 + C & h \geqslant a \end{cases} \tag{7.41}$$

式中，C_0 为块金常数，a 为变程，C 为拱高，$C_0 + C$ 为基台值。对该模型做均值为 0、方差为 1 的标准化处理后，则 $\mathrm{var}[Z(x)] = \gamma(\infty) = 1 = C$、$C_0 = 0$，称之为标准球状模型。

2. 指数模型

指数模型一般公式为：

$$\gamma(h) = \begin{cases} 0 & h = 0 \\ C_0 + C\left[1 - \mathrm{e}^{-\frac{h}{a}}\right] & h > 0 \end{cases} \tag{7.42}$$

式中，C_0 为块金常数，C 为拱高，$C_0 + C$ 为基台值。当 $C_0 = 0$、$C = 1$ 时，称之为标准高斯模型。

3. 高斯模型

高斯模型一般公式为：

$$\gamma(h) = \begin{cases} 0 & h = 0 \\ C_0 + C\left[1 - \mathrm{e}^{-\frac{h^2}{a^2}}\right] & h > 0 \end{cases} \tag{7.43}$$

式中，C_0 为块金常数；C 为拱高；$C_0 + C$ 为基台值。当 $C_0 = 0$、$C = 1$ 时，称之为标准高斯模型。

变异函数最优拟合主要包括以下 3 个步骤：

① 确定变异函数模型形态（或确定变异函数类型）。

② 模型参数的最优估计。

③ 模型参数的评价。

变异函数模型形态的确定主要是根据距离 h 与实验变异函数 $\hat{\gamma}(h)$ 之间的关系来确定。假设对不同的 h_i 已经计算出变异函数值，若 h_i 与 $\hat{\gamma}(h)$ 的散点图表现出线性趋势，则应考虑用线性模型来拟合；否则就应考虑用曲线模型来拟合。模型参数的最优估计可采用最小二乘法、加权回归法进行拟合。

模型参数的评价主要是交叉验证。交叉验证用来比较各种模型的效果，从中选出最优的拟合模型。把数据集分为两部分：模型数据集和验证数据集；然后，用模型数据集来建立变异函数模型，并且用其来预测未验证集位置的值；最后，用验证数据集的值与预测值相比较，如果平均误差接近 0：$\mathrm{ME} = (1/m)\sum_{i=1}^{m}[\hat{Z}(x_i) - Z(x_i)]$，则该估计是无偏的。如果平均误差是一个比较大的负（正）值，则表明低（高）估了该处的值。同理，均方根预测误差也可以用来比较各种模型：

$$\mathrm{RMSE} = \sqrt{(1/m)\sum_{i=1}^{m}\left[\hat{Z}(x_i) - Z(x_i)\right]^2} \tag{7.44}$$

均方根预测误差越小，表示估计值越接近测量值，即该预测效果越好。

克里金法在得到预测结果的同时，也得出了估计方差 $\hat{\sigma}_{x_i}^2$。用交叉验证误差除以相应的克里金方差得到标准化均方误差：

$$\mathrm{MSSE} = (1/m)\sum_{i=1}^{m}[\hat{Z}(x_i) - Z(x_i)]^2 / \hat{\sigma}_{x_i}^2 \tag{7.45}$$

如果标准化均方误差大于 1，则该模型低估了预测的不确定性；如果标准化均方误差小于 1，则该模型高估了预测的不确定性。对其求算数平方根，得到标准均方根误差：

$$\mathrm{RMSSE} = \sqrt{(1/m)\sum_{i=1}^{m}\left[\hat{Z}(x_i) - Z(x_i)\right]^2 / \hat{\sigma}_{x_i}^2} \tag{7.46}$$

同样，该值越接近 1，说明模型越好。

此外，标准平均值预测误差：

$$\text{SME} = \frac{1}{m}\sum_{i=1}^{m}\left[\hat{Z}(x_i) - Z(x_i)\right] / \hat{\sigma}_{x_i} \tag{7.47}$$

该误差指标越接近 0，则模型越优。

7.7　基于羽流测绘的源头位置估计

基于机器人测绘得到的羽流的浓度分布，可以利用羽流模型和反演算法估计出羽流源头的位置。有多种参数反演的方法和算法可以利用测绘得到的羽流浓度数据来估计羽流源头的位置。文献［143］和文献［144］分别针对区域中存在一个羽流源头和多个羽流源头的情况，研究了对通过检测到的羽流信息基于贝叶斯方法对源头进行估计。本节介绍一种基于占用栅格的估计方法[145]，栅格被占用的定义为该栅格中存在一个羽流源头，对应的算法[145]如表 7.1 所示。

表 7.1　MAP 算法

MAP_occupancy_grid_mapping（ ）

set　$m = \{0\}$

repeat until convergence

for all cells　m_i　do

$$m_i = \arg\max kl_0 + \sum_t \log \text{measurement\_model}(z_t, x_t, m \text{ with } m_i = k)$$

endfor

endrepeat

return m

该算法是一种批处理的算法，即当获取全部的观测数据后，实施估计。利用该算法，可以根据测绘得到的羽流数据对多个羽流源头的位置进行估计。

下面给出一个利用占用栅格算法来估计多个羽流源头的仿真演示。

图 7.14 为探测区域中 4 个羽流源头及其周围的标量场分布，其中的羽流仿真

采用高斯分布函数：

$$C(x,y) = \frac{m}{\bar{u}\sqrt{4\pi Dx/\bar{u}}}\exp\left(-\frac{y^2\bar{u}}{4Dx}\right) \tag{7.48}$$

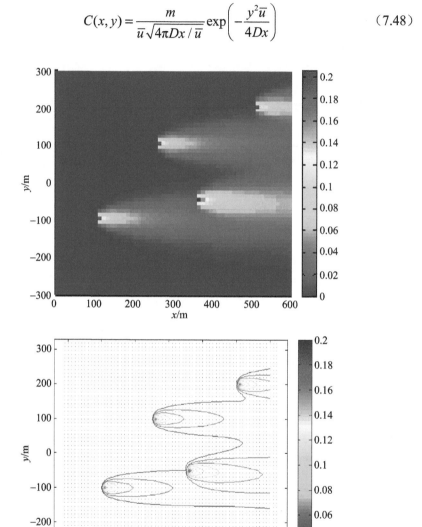

图 7.14　4 个羽流源头及其周围的标量场分布

该高斯分布函数描述的是点源释放的示踪物在水平流的输运下的二维浓度分布[146]，其中参数的意义如下：

$\bar{u}$ ——平均流速，m/s；

m ——示踪物释放量，kg/s；

D ——示踪物扩散系数，m^2/s；

x 和 y ——距离源头的距离，m；

C ——示踪物的浓度，kg/m^2。

该仿真中，4 个羽流源头的位置分别为（100，−100）m、（250，100）m、（350，−50）m、（500，200）m，其他参数值如下：m =30、D =30、$\bar{u}$ =7，探测传感器的噪声为高斯白噪声，其噪声均方差为 0.005。

图 7.15 为采用表 7.1 所示的 MAP 算法估计的羽流源头的位置，其中栅格的尺寸为 10 m×10 m，共运行 4 次迭代，估计得到的羽流源头位置分别为（135，−95）m、（255，85）m、（355，−55）m、（505，185）m。从该仿真结果可以看出，表 7.1 给出的算法可以实现未知多个羽流源头的估计。

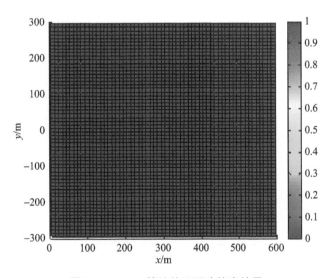

图 7.15　MAP 算法估计源头仿真结果

第 **8** 章

化学羽流追踪
机器人系统

8.1　概　　述

在计算机仿真研究的基础上，研发搭载流速、流向以及化学羽流感知传感器的机器人系统，并利用机器人系统进行实际环境中的羽流追踪实验，是对化学羽流追踪策略与算法的有效性和性能进行验证的关键，也是机器人羽流追踪算法和系统走向实际应用的关键步骤。本章介绍美国加州州立大学贝克斯菲尔德分校（California State University, Bakersfield，CSUB）和中国科学院沈阳自动化研究所研发的用于化学羽流追踪实验研究的机器人系统，包括陆地移动机器人系统、空中飞行机器人系统和水下机器人系统，为其他羽流追踪机器人系统研发提供参考和借鉴。

8.2　陆地移动机器人系统

图 8.1 为美国加州州立大学贝克斯菲尔德分校（CSUB）研发的陆地化学羽流追踪机器人系统。

该系统基于 National Instruments（NI）研发的陆地移动机器人平台 DaNI。

8.2.1　DaNI 机器人平台

DaNI 机器人平台具有开放式的体系结构，预装有两个电机、编码器和一个超声传感器。该机器人平台采用 sbRIO-9632 嵌入式控制和采集设备，集成了一个 400 MHz 工业处理器、一个用户可配置的 FPGA（2M gate Xilinx Spartan FPGA）和置于一块印刷电路板上的 I/O。sbRIO-9632 嵌入式控制和采集设备的工作温度范围为 $-20\sim55$ ℃，电源电压范围为 DC19$\sim$30 V；它还拥有 128 MB 的 DRAM 用于嵌入式运算、256 MB 存储器用于存储程序和记录数据。它还具有一个内嵌的 10/100 Mbps 以太网端口，可用于在网络和主端内嵌的 Web（HTTP）和文件（FTP）

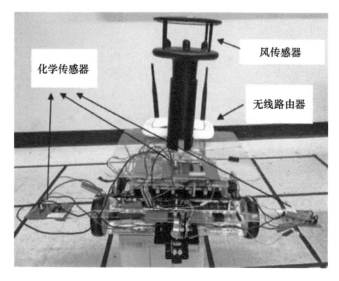

图 8.1　CSUB 机器人实验室基于 DaNI 平台研发的陆地化学羽流追踪机器人系统

服务器之间进行编程通信。此外，用户也能够使用 RS232 串行端口来控制外围设备。它的编程环境为 National Instruments 研发的 LabVIEW。

DaNI 机器人安装有一个 Parallax 超声传感器。该传感器通过接收其发射的短超声波信号遇到目标后的反射回波来实现对目标的检测。在主端微控制器的触发脉冲控制下，传感器发射一个短的 40 kHz 超声波信号，该超声波信号在空气中以约 344.4 m/s 的速度传播，当接触到物体后被物体反射。当检测到回波后，可计算出传感器与目标的距离。

DaNI 机器人的直流电机使用 12 V 电源，编码器使用 5 V 电源。

8.2.2　化学羽流追踪应用器件

虽然该 DaNI 机器人已预安装好，但是它所具有的开放式体系结构仍然允许在其上安装多种不同的传感器。

1. 无线路由器

针对化学羽流追踪应用，首先在该机器人上安装了无线路由器，以使该机器人与计算机之间具有无线通信能力。

2. 网络摄像头

在该机器人上安装了一个 AXIS M1011 网络摄像头，以实现从机器人的视角对环境和目标进行观测。该摄像头在 VGA 模式下可实现 30 fps 的视频质量。NI Measurement and Automation 软件可检测该摄像头的工作状态，并且可配置视频格式和图像分辨率。

3. 化学传感器

检测化学物质的传感器是机器人系统能够进行化学羽流追踪实验研究的关键。在该机器人系统上安装的是由 Figaro 公司制造的化学传感器。该传感器使用氧化铝基材的金属氧化物半导体层感知化学物质。当空气中有可检测的化学物质时，则该化学传感器的传导率将根据化学物质的浓度发生变化，如图 8.2 所示的电路板将化学浓度信息转换为电信号进行输出。

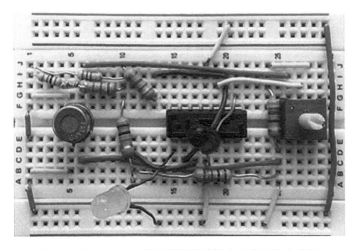

图 8.2　将 Figaro 化学浓度信息转换为电信号的电路板

4. 风速、风向传感器

为了研究机器人系统结合风速和风向信息进行化学羽流追踪，还需要在机器人系统上集成风速和风向传感器。在该 DaNI 机器人平台上集成的是 Gill WindSonic 传感器，如图 8.3 所示。

图 8.3　Gill WindSonic 传感器

　　该传感器是一个低成本的风传感器，采用 Gill 的超声技术实现风速和风向的测量，可达 60 m/s，后通过一个串口或者两个模拟端口输出测量数据。为了在传感器的工作过程中监测其工作状态是否正常，该传感器在输出测量数据的同时还输出传感器的运行状态码。该传感器采用坚固且耐腐蚀的聚碳酸酯材料作为外壳，使传感器非常轻巧。此外，该传感器没有运动部件，在许多应用中可实现免维护使用。该传感器的铝合金外壳，也可使其可以应用于恶劣的海洋环境。在该传感器中，可选装加热系统，使其能够在低至 −40 ℃ 的低温环境下运行。WindSonic 传感器输出 NMEA 0183 标准格式数据，输出端口可选 RS232、RS422 和 RS485。

8.3　空中飞行机器人系统

　　图 8.4 为由美国加州州立大学贝克斯菲尔德分校（CSUB）机器人实验室研发的基于 UAV 的化学羽流追踪系统。该系统基于 3D Robotics 公司制造的四旋翼无

人机平台（http://3drobotics.com/）。该四旋翼无人机基于 APM 2.6 或 PixHawk 自动驾驶系统，包括 4 个臂、底盘，一个能源分配板，4 个带有插拔接头连接器和电子速度控制器（ESC）的 880 kV 无刷电机，一套完整的 10 英寸螺旋桨组合（4 个独立的 10×4.7 螺旋桨），一个 I²C 分配器模块，一个带有罗盘的 GPS 和 GPS 桅杆。

图 8.4　CSUB 机器人实验室研发的基于 UAV 的化学羽流追踪系统

APM 2.6 是一个完全开源的自主驾驶系统。该系统需要 GPS 单元以及机器人上或外部安装的罗盘来实现自主驾驶。安装该系统的任何固定翼、倾转翼或者多螺旋桨飞行机器人，均可成为按预编程航点飞行的自主机器人。PixHawk 是由 PX4 开放硬件项目设计、3D Robotics 公司制造的先进自动驾驶系统，它具有 ST Microelectronics® 的先进处理器和传感器技术及 NuttX 实时操作系统，使其对于控制任何自主机器人都具有卓越的性能、灵活性和可靠性。

该系统使用与上述基于 DaNI 机器人系统相同的化学传感器，传感器固定在一个专用尼龙板上，将化学浓度转换为电信号输出。该系统安装有两个化学传感器，其中一个安装于尼龙板之上，另一个安装于尼龙板之下，这种布置方式是为了研究螺旋桨旋转对羽流分布的空气动力学影响。

除了气压传感器，在该四旋翼无人机上还安装有一个超声传感器 Matbotix XL-EZ4，用以更好地实现无人机在执行化学羽流追踪任务期间保持固定的飞行高度。该超声传感器使用窄波束以减小干扰，最大作用距离为 7.65 m。此外，该无人机系统还安装了一个摄像头，用以提供实时视频反馈信息。

该 UAV 系统使用锂离子聚合物电池作为能源，可支持该 UAV 飞行 20～40 min。该无人机系统的编程环境为 MissionPlanner（http://copter.ardupilot.com/），可实现 UAV 基于 GPS 和 Google 地图按照规划的航点飞行。

图 8.5 为由 6 个航点生成的 UAV 航行路径，包括起始位置和返航位置。程序开始执行后，UAV 将自动飞行到起始位置，然后基于航点实现对给定路径的跟踪，最后返回到起始位置。基于该技术，UAV 可对给定区域中的化学物质分布数据进行采集，进而构建化学物质时空分布图。MissionPlanner 也允许使用 Python 脚本来控制 UAV，通过使用如增减油门、控制俯仰和艏向角等基本命令，实现 UAV 在三维空间中对化学羽流进行追踪。

图 8.5　由 6 个航点生成的 UAV 航行路径

8.4　水下机器人系统及羽流追踪实验

　　图 8.6 为中国科学院沈阳自动化研究所研发的基于 AUV 的化学羽流追踪系统。该 AUV 安装有多个传感器，包括一个深度计以测量 AUV 的水下航行深度、一个电子罗盘以测量 AUV 的艏向角。为了进行水下化学羽流追踪实验，该 AUV 还安装了一个 Cyclops-7 水下荧光计（http://www.turnerdesigns. com）用于检测罗丹明化学物质（如图 8.7 所示）、一个频率为 1 200 kHz 的 Workhorse Navigator 多普勒速度计程仪（DVL）（http://www.rdinstruments.com）用于测量 AUV 相对于海底和设定的参考水层的速度（如图 8.8 所示）。

图 8.6　中国科学院沈阳自动化研究所研发的基于水下机器人的化学羽流追踪系统

图 8.7　Cyclops-7 水下荧光计

图 8.8　Workhorse Navigator 1 200 kHz DVL

该 AUV 安装有 4 个水平推进器和 2 个垂直推进器共 6 个推进器，对 AUV 实施运动控制。在进行化学羽流追踪实验时，前部的两个水平推进器用于控制 AUV 的艏向角，后部的两个水平推进器用于控制 AUV 的速度，机器人的航行速度约为 0.5 m/s；两个垂向推进器用于保持 AUV 的深度。使用两个水平推进器来控制 AUV 的艏向，使该 AUV 具有更好的操纵性。在低速航行的情况下，该 AUV 能够在位置不发生较大变化的情况下改变其艏向。

图 8.9 为中国科学院沈阳自动化研究所研发的另一型基于 AUV 的水下化学羽流追踪系统。不同于上一型 AUV，该 AUV 具有更好的流线型外形，并采用尾部螺旋桨加舵的操纵模式，因此与前述 AUV 系统相比具有更快的航行速度和更大的回转直径。此外，针对双 AUV 协同进行化学羽流追踪研究，在 AUV 艏部还加装了水声通信机，用于 AUV 之间在水下进行水声通信。

目前，大部分化学羽流追踪问题的研究和结果验证主要集中于从几厘米到几米的小区域，或者在计算机仿真环境中进行，而对在复杂自然环境中形成的化学羽流进行长距离的追踪则更具有挑战性。本节介绍基于如图 8.6 所示的基于水下机器人的化学羽流追踪系统进行的实验。该实验于 2010 年 10 月在中国大连湾海域进行。

图 8.9 中国科学院沈阳自动化研究所研发的基于 AUV 的水下化学羽流追踪系统

进行实验前，首先在计算机仿真环境中对化学羽流追踪策略和算法进行了仿真实验，调试和验证编写的水下机器人追踪化学羽流的计算机程序，降低真实海洋环境中化学羽流追踪实验的风险。

图 8.10 为在本书第 2 章中介绍的计算机仿真环境中进行的一次 AUV 追踪化学羽流的计算机仿真结果。该仿真中，流场的变化周期设定为 2 000 s，平均流速设定为 0.5 m/s，平均流向设置为 0°，羽流源头设置于（500,0）m，AUV 的平均航行速度设置为 2.5 m/s，AUV 的规划和运动控制周期均设置为 0.1 s。该仿真中，AUV 从搜索羽流任务开始到定位化学羽流源头的时间为 1 449.1 s，估计得到的羽流源头位置为（499.497, 0.457）m。

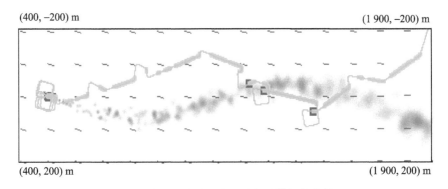

图 8.10 AUV 追踪化学羽流的计算机仿真结果

在上述的计算机仿真中所采用的 AUV 的动力学模型为 REMUS。而在大连湾实验中应用的是由中科院沈阳自动化研究所研发的如图 8.6 所示的水下机器人，其动力学模型不同于 REMUS，所以在应用该 AUV 进行化学羽流追踪实验前，又应用该 AUV 在海洋环境中进行了虚拟化学羽流追踪实验，即 AUV 追踪的化学羽流由计算机仿真获得，进而以低成本的方式（即不需要释放化学羽流）重新设计和调节机器人化学羽流追踪算法中的参数。

虚拟化学羽流追踪实验结果如图 8.11 所示。该实验中，羽流为在定常且均匀的流场中（平均流速为 1 m/s，流向为 0°）输运和扩散的结果。如图 8.11 所示，AUV 于（300, 20）m 位置开始执行任务，然后航行到（280, 0）m 位置开始以"之"字形的路径搜索化学羽流。在定位羽流源头后，AUV 返回到（0, 0）m 位置。该任务中，AUV 的平均航行深度为 1.4 m，平均距离海底高度为 4 m，平均航行速度为 0.474 m/s，AUV 执行任务的时间为 1 451 s。

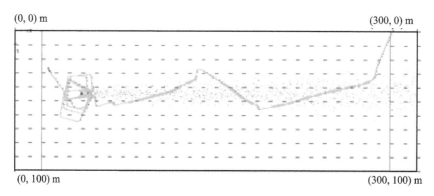

图 8.11　虚拟化学羽流追踪实验结果

在通过上述实验调节好算法及其参数后，在大连湾海域进行了真实羽流追踪实验。其中羽流的设置与第 7 章自适应羽流测绘实验中的设置相同。

图 8.12 和图 8.13 为我们在 2010 年 10 月进行的化学羽流追踪实验中的两个实验结果，包括 AUV 从任务起始位置航行至源头过程中的 Find-Plume、Track-In 和 Track-Out 行为。

AUV 从起始位置开始，首先执行 Find-Plume 行为，在 300 m×200 m 的搜索区域中搜索羽流。当 AUV 找到羽流后，AUV 从 Find-Plume 行为转换到 Track-In

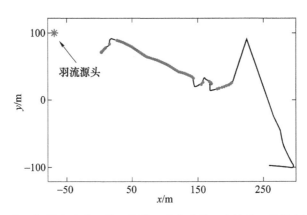

图 8.12　水下机器人追踪罗丹明化学羽流实验的一个结果，机器人追踪化学
羽流的距离超过 100 m（坐标系为实验期间定义的局部坐标系）

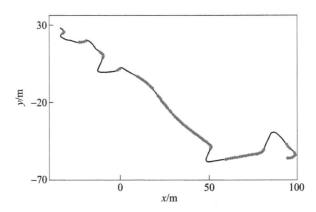

图 8.13　自主水下机器人追踪罗丹明化学羽流实验的一个结果，机器人追踪化学
羽流的距离超过 100 m（坐标系为实验期间定义的局部坐标系）

行为。Track-In 行为控制 AUV 在检测到羽流的情况下以与逆流方向 20° 夹角的方
向偏角向上游方向航行。当 AUV 连续航行 10 m 的距离没有检测到化学羽流时，
则 AUV 转换到 Track-Out 行为使 AUV 在 Track-In 行为跟踪羽流丢失后快速地再
次接触到化学羽流。在该羽流追踪任务中，AUV 追踪羽流的距离均超过了 100 m，
任务执行时间超过 1 000 s。

参 考 文 献

[1] DUNBABIN M, MARQUES L. Robots for environmental monitoring: significant advancements and applications[J]. IEEE robotics and automation society, 2012, 19(1): 24-39.

[2] RISER S C, FREELAND H J, ROEMMICH D, et al. Fifteen years of ocean observations with the global Argo array[J]. Nature climate change, 2016, 6(2): 145-153.

[3] STOMMEL H. The slocum mission[J]. Oceanography, 1989, 2(1): 22-25.

[4] DANIEL L R. Ocean research enabled by underwater gliders[J]. Annual review of marine science, 2016, 8(1): 519-541.

[5] LIBLIK T, KARSTENSEN J, TESTOR P, et al. Potential for an underwater glider component as part of the Global Ocean Observing System[J]. Methods in oceanography, 2016, 17: 50-82.

[6] 陈质二, 俞建成, 张艾群. 面向海洋观测的长续航力移动自主观测平台发展现状与展望 [J]. 海洋技术学报, 2016, 35 (01): 122-130.

[7] 俞建成, 孙朝阳, 张艾群. 无人帆船研究现状与展望 [J]. 机械工程学报, 2018, 54 (24): 98-110.

[8] 张燕武. 自适应海洋观测 [J]. 地球科学进展, 2013, 28 (05): 537-541.

[9] THOMAS B, CURTIN J G, BELLINGHAM J, et al. Autonomous oceanographic sampling networks[J]. Oceanography, 1993, 6(3): 86-94.

[10] THOMAS B, CURTIN J G, BELLINGHAM J. Progress toward autonomous ocean sampling networks[J]. Deep sea research(part II : topical studies in oceanography), 2009, 56(3/5): 62-67.

[11] LEONARD N E, PALEY D A, DAVIS R E, et al. Coordinated control of an

underwater glider fleet in an adaptive ocean sampling field experiment in Monterey Bay[J]. Journal of field robotics, 2010, 27(6): 718-740.

[12] ZHANG F. Cyber-maritime cycle: autonomy of marine robots for ocean sensing[J]. Foundations and trends in robotics, 2014, 5(1): 1-115.

[13] THOMPSON A F, CHAO Y, CHIEN S, et al. Satellites to seafloor: toward fully autonomous ocean sampling[J]. Oceanography, 2017, 30(2): 160-168.

[14] 宋振亚, 刘卫国, 刘鑫, 等. 海量数据驱动下的高分辨率海洋数值模式发展与展望 [J]. 海洋科学进展, 2019, 37 (2): 161-170.

[15] BRETHERTON F P, DAVIS R E, FANDRY C. A technique for objective analysis and design of oceanographic experiments applied to MODE-73[J]. Deep Sea Research and Oceanographic Abstracts, 1976, 23(7): 559-582.

[16] LEONARD N E, PALEY D A, LEKIEN F, et al. Collective motion, sensor networks, and ocean sampling[J]. Proceedings of the IEEE, 2007, 95(1): 48-74.

[17] 穆穆. 目标观测的方法、现状与发展展望 [J]. 中国科学: 地球科学, 2013, 43 (11): 1717-1725.

[18] HONG X, BISHOP C. Ocean ensemble forecasting and adaptive sampling [M]// Data assimilation for atmospheric, oceanic and hydrologic applications. Vol. II, Berlin, Heidelberg: Springer, 2013: 391-409.

[19] LERMUSIAUX P F. Adaptive modeling, adaptive data assimilation and adaptive sampling[J]. Physica D, 2007, 230(1/2): 172-196.

[20] LI Y, PENG S, LIU D. Adaptive observation in the South China Sea using CNOP approach based on a 3-D ocean circulation model and its adjoint model[J]. Journal of geophysical research oceans, 2014, 119(12): 8973-8986.

[21] HEANEY K D, LERMUSIAUX P F, DUDA T F, et al. Validation of genetic algorithm-based optimal sampling for ocean data assimilation[J]. Ocean dynamics, 2016, 66(10): 1209-1229.

[22] GABRIELE F, MARCO C, ALBERTO A. Mission planning and decision support for underwater glider networks: a sampling on-demand approach[J]. Sensors, 2016, 16(1): 1-23.

[23] YILMAZ N K, EVANGELINOS C, LERMUSIAUX P F, et al. Path planning of autonomous underwater vehicles for adaptive sampling using mixed integer linear programming[J]. IEEE journal of oceanic engineering, 2008, 33(4): 522-537.

[24] HEANEY K D, GAWARKIEWICZ G, DUDA T F, et al. Nonlinear optimization of autonomous undersea vehicle sampling strategies for oceanographic data-assimilation[J]. Journal of field robotics, 2010, 24(6): 437-448.

[25] L' HÉVÉDER B, MORTIER L, TESTOR P, et al. A glider network design study for a synoptic view of the oceanic mesoscale variability[J]. Journal of atmospheric and oceanic technology, 2013, 30(7): 1472-1493.

[26] RAMOS P. Geostatistical prediction of ocean outfall plume characteristics based on an autonomous underwater vehicle[J]. International journal of advanced robotic systems, 2013, 10(7): 289.

[27] KRAUSE A, SINGH A, GUESTRIN C. Near-optimal sensor placements in Gaussian processes: theory, efficient algorithms and empirical studies[J]. Journal of machine learning research, 2008, 9(1): 235-284.

[28] MA K C, LIU L, HEIDARSSON H K, et al. Data-driven learning and planning for environmental sampling[J]. Journal of field robotics, 2018, 35(5): 643-661.

[29] FOSSUM T O, EIDSVIK J, ELLINGSEN I, et al. Information-driven robotic sampling in the coastal ocean[J]. Journal of field robotics, 2018, 35(7): 1101-1121.

[30] MUNAFÒ A, SIMETTI E, TURETTA A, et al. Autonomous underwater vehicle teams for adaptive ocean sampling: a data-driven approach[J]. Ocean dynamics, 2011, 61(11): 1981-1994.

[31] LIANG X, WU W, CHANG D, et al. Real-time modelling of tidal current for navigating underwater glider sensing networks[J]. Procedia computer science, 2012, 10(6): 1121-1126.

[32] CHRYSSOSTOMIDIS C, KARNIADAKIS G E. Efficient sensor placement for ocean measurements using low-dimensional concepts[J]. Ocean modelling, 2009,

27(3/4): 160-173.

[33] SANDERY P A, SAKOV P. Ocean forecasting of mesoscale features can deteriorate by increasing model resolution towards the submesoscale[J]. Nature communications, 2017, 8(1): 1-8.

[34] LI W, FARRELL J A, PANG S, et al. Moth-inspired chemical plume tracing on an autonomous underwater vehicle[J]. IEEE transactions on robotics, 2006, 22(2): 292-307.

[35] CAMILLI R, REDDY C M, YOERGER D R, et al. Tracking hydrocarbon plume transport and biodegradation at deepwater horizon[J]. Science, 2010, 330(6001): 201-204.

[36] ZHANG Y, BELLINGHAM J G, GODIN M A, et al. Using an autonomous underwater vehicle to track the thermocline based on peak-gradient detection[J]. IEEE Journal of oceanic engineering, 2012, 37(3): 544-553.

[37] ZHANG Y, BELLINGHAM J G, RYAN J P, et al. Autonomous four-dimensional mapping and tracking of a coastal upwelling front by an autonomous underwater vehicle[J]. Journal of field robotics, 2016, 33(1): 67-81.

[38] KANG X D, WEI L. Moth-inspired plume tracing via multiple autonomous vehicles under formation control[J]. Adaptive behavior, 2012, 20(2): 131-142.

[39] PETILLO S, SCHMIDT H. Exploiting adaptive and collaborative AUV autonomy for detection and characterization of internal waves[J]. IEEE journal of oceanic engineering, 2014, 39(1): 150-164.

[40] FIORELLI E, LEONARD N E, BHATTA P, et al. Multi-AUV control and adaptive sampling in Monterey Bay[J]. IEEE journal of oceanic engineering, 2006, 31(4): 935-948.

[41] ZHANG F, LEONARD N E. Cooperative filters and control for cooperative exploration[J]. IEEE transactions on automatic control, 2010, 55(3): 650-663.

[42] SCHNEIDER T, SCHMIDT H. Model-based adaptive behavior framework for optimal acoustic communication and sensing by marine robots[J]. IEEE journal of oceanic engineering, 2013, 38(3): 522-533.

[43] LIU S, SUN J, YU J, et al. Distributed traversability analysis of flow field under communication constraints[J]. IEEE journal of oceanic engineering, 2018, 44(3): 683-692.

[44] VERGASSOLA M, VILLERMAUX E, SHRAIMAN B I. "Infotaxis" as a strategy for searching without gradients[J]. Nature, 2007, 445(7126): 406-409.

[45] WANG D, PIERRE F J, LERMUSIAUX P J, et al. Acoustically focused adaptive sampling and on-board routing for marine rapid environmental assessment[J]. Journal of Marine systems, 2009, 78(5): 393-407.

[46] SMITH R N, CHAO Y, LI P P, et al. Planning and implementing trajectories for autonomous underwater vehicles to track evolving ocean processes based on predictions from a regional ocean model[J]. The international journal of robotics research, 2010, 29(12): 1475-1497.

[47] REED B, HOVER F. Oceanographic pursuit: networked control of multiple vehicles tracking dynamic ocean features[J]. Methods in oceanography, 2014, 10: 21-43.

[48] DAS J, PY F, MAUGHAN T, et al. Coordinated sampling of dynamic oceanographic features with underwater vehicles and drifters[J]. The international journal of robotics research, 2012, 31(5): 626-646.

[49] 赵文涛，俞建成，张艾群. 海洋中尺度涡旋观测任务中的水下滑翔机协同控制策略 [J]. 机器人，2018，40（2）：206-215.

[50] KOWADLO G, RUSSELL R A. Robot odor localization: a taxonomy and survey[J]. The international journal of robotics research, 2008, 27(8): 869-894.

[51] NAEEM W, SUTTON R, CHUDLEY J. Chemical plume tracing and odour source localisation by autonomous vehicles[J]. The journal of navigation, 2007, 60(2): 173-190.

[52] LIAO Q, COWEN E A. The information content of a scalar plume: a plume tracing perspective[J]. Environmental fluid mechanics, 2002, 2(1/2): 9-34.

[53] LU T F, NG C L. Novel wind sensor for robotic chemical plume tracking[C]// IEEE International Conference on Mechatronics and Automation, 2006: 933-938.

[54] CARDÉ R T, WILLIS M A. Navigational strategies used by insects to find distant, wind-borne sources of odor[J]. Journal of chemical ecology, 2008, 34(7): 854-866.

[55] RUTKOWSKI A J, EDWARDS S, WILLIS M A, et al. A robotic platform for testing moth-inspired plume tracking strategies[C]//Proceedings of the 2004 IEEE International Conference on Robotics and Automation, 2004: 3319-3324.

[56] CHRISTOPOULOS V N, ROUMELIOTIS S. Adaptive sensing for instantaneous gas release parameter estimation[C]//Proceedings of the 2005 IEEE International Conference on Robotics and Automation, 2005: 4450-4456.

[57] PANG S, ZHU F. Reactive planning for olfactory-based mobile robots[C]//Proceedings of the 2009 IEEE/RSJ International Conference on Intelligent Robots and Systems, 2009: 4375-4380.

[58] DEBOSE J L, NEVITT G A. The use of odors at different spatial scales: comparing birds with fish[J]. Journal of chemical ecology, 2008, 34(7): 867-881.

[59] BELANGER J H, WILLIS M A. Biologically-inspired search algorithms for locating unseen odor sources[C]//Proceedings of the 1998 IEEE International Symposium on Intelligent Control(ISIC), 1998: 265-270.

[60] GRASSO F W, ATEMA J. Integration of flow and chemical sensing for guidance of autonomous marine robots in turbulent flows[J]. Environmental fluid mechanics, 2002, 2(1/2): 95-114.

[61] EDWARDS S, RUTKOWSKI A J, QUINN R D, et al. Moth-inspired plume tracking strategies in three-dimensions[C]//Proceedings of the 2005 IEEE International Conference on Robotics and Automation, 2006: 1669-1674.

[62] PORTER M J, VASQUEZ J R. Bio-inspired navigation of chemical plumes[C]//Proceedings of the 2006 9th International Conference on Information Fusion, 2007: 1-8.

[63] LILIENTHAL A, DUCKETT T. Creating gas concentration gridmaps with a mobile robot[C]//Proceedings 2003 IEEE/RSJ International Conference on Intelligent Robots and Systems(IROS 2003)(Cat. No. 03CH37453), 2003:

118-123.

[64] JATMIKO W, SEKIYAMA K, FUKUDA T. A pso-based mobile robot for odor source localization in dynamic advection-diffusion with obstacles environment: theory, simulation and measurement[J]. Computational intelligence magazine IEEE, 2007, 2(2): 37-51.

[65] 孟庆浩，李飞，张明路，等. 湍流烟羽环境下多机器人主动嗅觉实现方法研究 [J]. 自动化学报，2008，34（10）：1281-1290.

[66] 夏建新，李畅，马彦芳. 深海底热液活动研究热点[J]. 地质力学学报，2007，13（2）：179-191.

[67] 杜同军，翟世奎，任建国. 海底热液活动与海洋科学研究 [J]. 中国海洋大学学报（自然科学版），2002，32（4）：597-602.

[68] 冯军，李江海，陈征，等. "海底黑烟囱"与生命起源述评 [J]. 北京大学学报（自然科学版），2004，40（2）：142-149.

[69] MCPHAIL S, STEVENSON P, PEBODY M, et al. Challenges of using an AUV to find and map hydrothermal vent sites in deep and rugged terrains[C]//2010 IEEE/OES Autonomous Underwater Vehicles, 2010: 1-8.

[70] CAMILLI R, REDDY C M, YOERGER D R, et al. Tracking hydrocarbon plume transport and biodegradation at deepwater horizon[J]. Science, 2010, 330(Oct. 8 TN. 6001): 201-204.

[71] FARRELL J A, MURLIS J, LONG X, et al. Filament-based atmospheric dispersion model to achieve short time-scale structure of odor plumes[J]. Environmental fluid mechanics, 2002, 2(1/2): 143-169.

[72] LI W, FARRELL J A, CARD R T. Tracking of fluid-advected odor plumes: strategies inspired by insect orientation to pheromone[J]. Adaptive behavior, 2001, 9(3/4): 143-170.

[73] FARRELL J A, PANG S, LI W. Chemical plume tracing via an autonomous underwater vehicle[J]. IEEE journal of oceanic engineering, 2005, 30(2): 428-442.

[74] LI W. Abstraction of odor source declaration algorithm from moth-inspired plume

tracing strategies[C]//Proceedings of the 2006 IEEE International Conference on Robotics and Biomimetics, 2006: 1024-1029.

[75] KANG X, LI W. Moth-inspired plume tracing via multiple autonomous vehicles under formation control[J]. Adaptive behavior, 2012, 20(2): 131-142.

[76] TIAN Y, LI W, ZHANG F. Moth-inspired plume tracing via autonomous underwaer vehicle with only a pair of separated chemical sensors[C]//OCEANS 2015-MTS/IEEE Washington, 2015: 1-8.

[77] GERMAN C R, CONNELLY D P, PRIEN R, et al. New techniques for hydrothermal plume investigation by AUV[C]//Geophysical Research Abstracts, European Geosciences Union, 2005, 7: 04361.

[78] GERMAN C R, YOERGER D R, JAKUBA M, et al. Hydrothermal exploration by AUV: Progress to-date with ABE in the Pacific, Atlantic & Indian Oceans[C]//2008 IEEE/OES Autonomous Underwater Vehicles, 2008: 1-5.

[79] YOERGER D R, JAKUBA M, BRADLEY A M, et al. Techniques for deep sea near bottom survey using an autonomous underwater vehicle[J]. International journal of robotics research, 2007, 26(1): 41-54.

[80] JAKUBA M V. Stochastic mapping for chemical plume source localization with application to autonomous hydrothermal vent discovery[D]. Massachusetts Institute of Technology, 2007.

[81] FERRI G, JAKUBA M V, YOERGER D R. A novel trigger-based method for hydrothermal vents prospecting using an autonomous underwater robot[J]. Autonomous robots, 2010, 29(1): 67-83.

[82] NASAHASHI K, URA T, ASADA A, et al. Underwater volcano observation by autonomous underwater vehicle "r2D4" [C]//Europe Oceans 2005, IEEE, 2005, 1: 557-562.

[83] SAIGOL Z A. Automated planning for hydrothermal vent prospecting using AUVs[D]. University of Birmingham, 2011.

[84] 田宇. 自主水下机器人深海热液羽流追踪研究［D］. 北京：中国科学院大学，2012.

[85] HARPER R J, DOCK M L. Underwater olfaction for real-time detection of submerged unexploded ordnance[C]//SPIE Proceedings of Optics and Photonics in Global Homeland Security Ⅲ, 2007: 65400V-65400V-7.

[86] FLETCHER B. Chemical plume mapping with an autonomous underwater vehicle[C]//Proceedings of the MTS/IEEE Oceans 2001, 2001: 508-512.

[87] RAMOS P A, NEVES M V, PEREIRA F L. Mapping and initial dilution estimation of an ocean outfall plume using an autonomous underwater vehicle[J]. Continental Shelf Research, 2007, 27(5): 583-593.

[88] CANNELL C J, GADRE A S, STILWELL D J. Boundary tracking and rapid mapping of a thermal plume using an autonomous vehicle[C]//Proceedings of the IEEE OCEANS 2006, 2006: 1-6.

[89] CANNELL C J, STILWELL D J. A comparison of two approaches for adaptive sampling of environmental processes using autonomous underwater vehicles[C]. Proceedings of OCEANS 2005 MTS/IEEE, 2005: 1514-1521.

[90] BENNETT A A, LEONARD J J. A behavior-based approach to adaptive feature detection and following with autonomous underwater vehicles[J]. IEEE journal of oceanic engineering, 2000, 25(2): 213-226.

[91] MUKHOPADHYAY S, WANG C, BRADSHAW S, et al. Controller performance of marine robots in reminiscent oil surveys[C]//Proceedings of the 2012 IEEE/RSJ International Conference on Intelligent Robots and Systems, 2012: 1766-1771.

[92] SMITH R N, PEREIRA A, CHAO Y, et al. Autonomous underwater vehicle trajectory design coupled with predictive ocean models: a case study[C]// Proceedings of the 2010 IEEE International Conference on Robotics and Automation, 2010: 4770-4777.

[93] KALNAY E. Atmospheric modeling, data assimilation and predictability [M]. Cambridge: Cambridge University Press, 2002.

[94] GIFFORD F. Peak to average concentration ratios according to a fluctuating plume[J]. International journal of air pollution, 1960, 3(4): 253-260.

[95] SUTTON O G. The problem of diffusion in the lower atmosphere[J]. Quarterly journal of the royal meteorological society, 1947, 73(317/318): 257-281.

[96] 张兆顺, 崔桂香, 许春晓. 湍流理论与模拟 [M]. 北京: 清华大学出版社, 2005.

[97] LI W, SUTTON J. Development of CPT_M3D for multiple chemical plume tracing and source identification[C]//Proceedings of the 2008 Seventh International Conference on Machine Learning and Applications, 2008: 470-475.

[98] 田宇, 李伟, 张艾群. 自主水下机器人深海热液羽流追踪仿真环境 [J]. 机器人, 2012, 34 (2): 159-169.

[99] 徐明亮, 卢红星, 王琬. OpenGL 游戏编程 [M]. 北京: 机械工业出版社, 2008.

[100] TIAN Y, ZHANG A. Simulation environment and guidance system for AUV tracing chemical plume in 3-dimensions[C]//Proceedings of the International Asia Conference on Informatics in Control, 2010: 407-411.

[101] WANG B, LEI W, Xu Y-R, et al. Modeling and simulation of a mini AUV in spatial motion[J]. Journal of marine science and application, 2009, 8(1): 7-12.

[102] ANFOSSI D, FERRERO E, BRUSASCA G, et al. A simple way of computing buoyant plume rise in Lagrangian stochastic dispersion models[J]. Atmospheric environment(Part A General Topics), 1993, 27(9): 1443-1451.

[103] VICKERS N J. Mechanisms of animal navigation in odor plumes[J]. Biological bulletin, 2000, 198(2): 203-212.

[104] NEVITT G A. Olfactory foraging by antarctic procellariiform seabirds: life at high reynolds numbers[J]. Biological bulletin, 2000, 198(2): 245.

[105] CARDÉ R T, MAFRA-NETO A. Mechanisms of flight of male moths to pheromone[M]. Springer US, 1997.

[106] ELKINTON J S, SCHAL C, ONOT T, et al. Pheromone puff trajectory and upwind flight of male gypsy moths in a forest[J]. Physiological entomology, 2010, 12(4): 399-406.

[107] BROOKS R A. A robust layered control systems for a mobile robot[J]. IEEE

journal of robotics and automation, 1986, RA-2(1): 14-23.

[108] LI W, CARTER D. Subsumption architecture for fluid-advected chemical plume tracing with soft obstacle avoidance[C]//Proceedings of the IEEE OCEANS, 2006: 1-6.

[109] ISHIDA H, TANAKA H, TANIGUCHI H, et al. Mobile robot navigation using vision and olfaction to search for a gas/odor source[J]. Autonomous robots, 2006, 20(3): 231-238.

[110] 蒋萍，孟庆浩，曾明，等. 一种新的移动机器人气体泄漏源视觉搜寻方法 [J]. 机器人，2009，31（5）：397-403.

[111] LI W. An Iterative fuzzy segmentation algorithm for recognizing an odor source in near shore ocean environments[C]//Proceedings of the International Symposium on Computational Intelligence in Robotics and Automation, IEEE, 2007: 101-106.

[112] TIAN Y, ZHANG A. Development of a guidance and control system for an underwater plume exploring AUV[C]//Proceedings of the 8th World Congress on Intelligent Control & Automation, IEEE, 2010: 6666-6670.

[113] LAPIERRE L, JOUVENCEL B. Robust nonlinear path-following control of an AUV[J]. IEEE journal of oceanic engineering, 2008, 33(2): 89-102.

[114] PASCOAL A. 3D path following for autonomous underwater vehicle[C]// Proceedings of the 39th IEEE Conference on Decision and Control(Cat. No. 00CH37187), 2000: 2977-2982.

[115] SLOTINE J, LI W P. Applied nonlinear control[M]. Prenticehall Englewood Cliffs, N.J., 1991.

[116] LI W. Design of a hybrid fuzzy logic proportional plus conventional integral-derivative controller[J]. IEEE transactions on fuzzy systems, 1998, 6(4): 449-463.

[117] GUO J, CHIU F C, HUANG C C. Design of a sliding mode fuzzy controller for the guidance and control of an autonomous underwater vehicle[J]. Ocean engineering, 2003, 30(16): 2137-2155.

[118] 刘学敏，徐玉如. 水下机器人运动的 S 面控制方法 [J]. 海洋工程，2001，19（3）：81-84.

[119] 田宇，张艾群，李伟. 基于混合模糊 P+ID 控制的欠驱动 AUV 路径跟踪控制及仿真 [J]. 系统仿真学报，2012，24（5）：1016-1020.

[120] PRESTERO T. Verification of a six-degree of freedom simulation model for the REMUS autonomous underwater vehicle[D]. Massachusetts Institute of Technology-Woods Hole Oceanographic Institution, 2011.

[121] ZENG J, LI S, LI Y, et al. Performance of the portable autonomous observation system[C]//Proceedings of the IEEE OCEANS 2014, 2014: 1-4.

[122] 栾锡武. 现代海底热液活动区的分布与构造环境分析 [J]. 地球科学进展，2004，19（006）：931-938.

[123] 翟世奎，李怀明，于增慧，等. 现代海底热液活动调查研究技术进展 [J]. 地球科学进展，2007，022（008）：769-776.

[124] YOERGER D R, BRADLEY A M, JAKUBA M, et al. Autonomous and remotely operated vehicle technology for hydrothermal vent discovery, exploration, and sampling[J]. Oceanography, 2007, 20(1): 152-161.

[125] SPEER K G, RONA P A. A model of an Atlantic and Pacific hydrothermal plume[J]. Journal of geophysical research: Oceans, 1989, 94(C5): 6213-6220.

[126] LUPTON J E. Hydrothermal plumes: near and far field[J]. Geophysical monograph series, 1995, 91: 317-346.

[127] JAKUBA M, YOERGER D, BRADLEY A, et al. Multiscale, multimodal AUV surveys for hydrothermal vent localization[C]//Proceedings of the fourteenth international symposium on unmanned untethered submersible technology (UUST05), 2005.

[128] VON DAMM K. Seafloor hydrothermal activity: black smoker chemistry and chimneys[J]. Annual review of earth and planetary sciences, 1990, 18(1): 173-204.

[129] ZHANG S, YU J, ZHANG A, et al. Spiraling motion of underwater gliders: modeling, analysis, and experimental results[J]. Ocean engineering, 2013,

60(Mar. 1): 1-13.

[130] PHILLIPS C T. Geostatistical techniques for practical wireless network coverage mapping[D]. Colorado: University of Colorado, 2012.

[131] HORNER D. A data-driven framework for rapid modeling of wireless communication channels[D]. Monterey, California: Naval Postgraduate School, 2013.

[132] GONZALEZ-RUIZ A, GHAFFARKHAH A, MOSTOFI Y. A comprehensive overview and characterization of wireless channels for networked robotic and control systems[J]. Journal of robotics, 2011(4): 1-19.

[133] FINK J, KUMAR V. Online methods for radio signal mapping with mobile robots[C]//Proceedings of the 2010 IEEE International Conference on Robotics and Automation, 2010: 1940-1945.

[134] MOSTOFI Y. Compressive cooperative sensing and mapping in mobile networks[J]. IEEE transactions on mobile computing, 2011, 10(12): 1769-1784.

[135] HSIEH M A, COWLEY A, KUMAR V, et al. Maintaining network connectivity and performance in robot teams[J]. Journal of field robotics, 2008, 25(1/2): 111-131.

[136] STROM J, OLSON E. Multi-sensor ATTEnuation estimation(MATTE): signal-strength prediction for teams of robots[C]//Proceedings of the 2012 IEEE/RSJ International Conference on Intelligent Robots and Systems, 2012: 4730-4736.

[137] LARKIN H. Wireless signal strength topology maps in mobile ad hoc networks[J]. Lecture notes in computer science, 2004, 3207: 538-547.

[138] FERRIS B, FOX D, LAWRENCE N D. Wifi-slam using Gaussian process latent variable models[C]//IJCAI, 2007: 2480-2485.

[139] FINK J, KUMAR V. Online methods for radio signal mapping with mobile robots[C]//Proceedings of the 2010 IEEE International Conference on Robotics and Automation, 2010: 1940-1945.

[140] GRAHAM R, PY F, DAS J, et al. Exploring space-time tradeoffs in Autonomous sampling for marine robotics[C]//Experimental Robotics, Heidelberg:

Springer, 2013: 819-839.

[141] PHAN N K K C. Kriged Kalman Filtering for predicting the wildfire temperature evolution[D]. Canada: University of Toronto, 2014.

[142] 王家华. 克里金地质绘图技术：计算机的模型和算法［M］. 北京：石油工业出版社，1999.

[143] PANG S, FARRELL J A. Chemical plume source localization[J]. IEEE transactions on systems man & cybernetics: Part B, 2006, 36(5): 1068-1080.

[144] FERRI G, JAKUBA M V, MONDINI A, et al. Mapping multiple gas/odor sources in an uncontrolled indoor environment using a Bayesian occupancy grid mapping based method[J]. Robotics and autonomous systems, 2011, 59(11): 988-1000.

[145] THRUN S, BURGARD W, FOX D. Probabilistic robotics(intelligent robotics and autonomous agents series)[M]. MIT Press, 2005.

[146] 董志勇. 环境水力学［M］. 北京：科学出版社，2006.

索　引